实用手绘系列教程

景观设计实用手绘教程

裴爱群 著

大连理工大学出版社

图书在版编目(CIP)数据

景观设计实用手绘教程 / 裴爱群著. 一大连：大连理工大学出版社，2010.5(2013.8 重印)
ISBN 978-7-5611-5532-5

Ⅰ.①景… Ⅱ.①裴… Ⅲ.①景观一园林设计一高等学校一教材 Ⅳ.①TU986.2

中国版本图书馆 CIP 数据核字(2010)第 078527 号

大连理工大学出版社出版
地址：大连市软件园路 80 号 邮政编码：116023
电话：0411-84708842 邮购：0411-84703636 传真：0411-84701466
E-mail：dutp@dutp.cn URL：http://www.dutp.cn
大连金华光彩色印刷有限公司印刷 大连理工大学出版社发行

幅面尺寸：185mm×260mm 印张：10.25 字数：237 千字
印数：3001～5000
2010 年 5 月第 1 版 2013 年 8 月第 2 次印刷

责任编辑：房 磊 责任校对：周慧梓
封面设计：王志峰

ISBN 978-7-5611-5532-5 定 价：62.00 元

画与话

景观，是一个广义的概念，泛指可供观赏的景物，大到一个国家、一座城市、一个旅游区，小到一亭一台、一座建筑、一个雕塑，乃至一花一草……可谓无处不在！

景观设计作为环境艺术设计中的一部分，在人们的生活中越来越重要。设计改变生活，也改变着我们的观念。随着社会的发展进步，人们在追求物质需要的同时，也在追求更多的精神享受。因此，环艺设计师的工作，就是在充分满足人们物质需求的同时，提出切实可行的满足精神需求的完美方案。

一个科学合理的设计方案表现，既体现出设计师的理念和思考，也为决策者认同和感知方案提供了最为直接的视觉参考。作为“视觉语言”的设计手绘，也就必须满足其真实性、科学性、实用性、艺术性的原则，运用精炼、简洁、快速、生动的表现形式来为设计服务。

已经出版发行的《室内设计实用手绘教程》和《产品设计实用手绘教程》，已经被多家高校和职业院校确定为课堂教材而广泛使用，这也充分说明，笔者提出的实用手绘理论正被越来越多的人所接受和运用。

这本名为《景观设计实用手绘教程》的书，是本人实用手绘教程系列的其中之一。通过这本书，作者进一步全面阐述和解析本人提出并早已经被公认的实用手绘理论和教学主张。

用理论指导实践，以实践结合教学，是新形势下专业教学的客观要求，也是未来专业教学发展的必然结果，使教学理论形成由浅入深的阶梯式格局。运用自己的所学、所得，结合多年的基础理论研究成果，宣扬专业的教学理论和方法，打造科学系统、完整适用的实用手绘教材，正是编写实用手绘系列教程的真正用意！

本书的写作得到了中国（深圳）中鹏职业培训中心同仁和黄山手绘工厂梁军先生的鼎立帮助与支持，在此深表谢意！

2010年2月于深圳

裴爱群简介：

全国杰出中青年室内建筑师
国家职业技能鉴定（室内装饰设计师）标准开发组成员
《剧院建筑设计规范》参与修订者之一
中国室内装饰协会设计专业委员会委员
中国室内装饰协会深圳专家委员会考评委员
全国大学生环境艺术设计大赛实战导师
中国建筑与室内设计师网推选“设计名人”之一
中国建筑与室内设计师网特邀撰稿人、点评专家
广东省职业技能鉴定（室内装饰设计师）高级考评委员
广东省装饰行业协会专业委员会常委
广东省“岭南杯”室内装饰设计大赛专家评委
深圳《设计家》丛书编委
国家一级室内装饰设计师
书法家、篆刻家、广告设计师
实用手绘基础理论创始人
《裴爱群作图法则》永久知识产权人

2007年发表《向历史和传统的呐喊》专业学术论文
2008年起在全国高校举办多场学术演讲《歪理谐说》
2008年撰写《设计？臆造？彷徨！呐喊！》
2010年发表《设计手绘的真善美》

出版有：
《裴爱群书法篆刻集》
《室内设计实用手绘教程》
《室内设计实用手绘教学示范》
《景观设计实用手绘教程》
《产品设计实用手绘教程》
《剧院的功能设计》

最新设计作品：
辽阳大剧院
常州现代传媒中心
恩施大剧院
烟台五彩文化广场文化中心
甘肃省广播电影电视总台
珠海长隆海洋世界动物表演场馆（3个）
新疆大剧院

目录

第一章
景观设计手绘绪论

设计师与“画家”最本质的区别在于思考和解决问题的方式不同。一个成熟的设计师应该是理性思维与感性思维的结合体。

什么是设计?

源于拉丁文的设计一词，其内涵为设想、计划；

法语中，设计(DESSIN)一词包涵了图形、意匠、筹划的概念；

意大利语中，设计(DESIGNO)则有创意与理念的内涵。

设计，作为目前世界上一个通用的专属名词，也具有其特有的定义——所谓设计，是既合目的又合规律的创意和统筹。

既合目的又合规律的创意和统筹，不是简单几个名词的排列与组合，更不是一般性的文字游戏。这不单单是狭义上的对“设计”所赋予的概念，也是对宇宙、对社会、对人生、对学习、对工作、对生活等都极具约束和指导性的定义。从这一点来说，“设计”的概念更具有广义性。

经过多年的学术研究以及教学与实践，笔者对“设计”赋予了全新的理解：“所谓设计，就是在特定条件下寻求合理手段来解决特定问题的过程。”限定性的条件，绝不容忽视；合理的手段，可以千差万别；解决问题，才是目的。

同样，手绘也是一个广义的概念：是指一切依赖手工完成的绘制作品的创作过程。这不是单纯的绘画概念所能替代的。

任何一门学科，都有着与其他学科交叉、互通、互融的共性，也有着相对独立的不可替代的特性。所谓景观设计手绘就是一种特指，是指景观设计师为了满足设计需要而绘制的一切图纸。

电脑科技的诞生和普遍应用，为各个行业带来了翻天覆地的变化，同时也为设计师带来了一个更大的视觉平台。20世纪末，电脑全面介入到各类设计领域，并得到最为广泛和彻底的应用。各种为设计开发的专业软件也以极快的更新速度介入进来，使传统的“设计”领域发生了翻天覆地的革命性变化，这无疑对设计行业起到了极大的促进作用，除了表达工具的更新进步之外，更多的是满足了人们的视觉需求，并大大降低了设计师的门槛。

现在，表达一个设计效果既可以用手工绘画也可以用电脑软件来进行。而手工绘画(也就是人们习惯称之的手绘)依然是设计师最传统、最快捷、最方便实用的一种“视觉语言”。也正因如此，设计师的手绘水平高低将直接影响设计工作的进展和成果，这一点应当是设计师们的共识。

正因如此，传统意义上的耗费时间并无法修改的全面、细致、完整、准确的手工绘画正被

“精炼、简洁、快速、生动”的表现形式所替代。这是科技的进步，是表达工具的进步，但设计手绘的真正用途并没有丝毫的改变。如果说有所改变的话，也是更进一步强化了设计手绘的客观实用性。设计手绘的客观实用性在于，在最短的时间内把设计的理念、方案和预想的效果快速地记录下来，使之成为方案推敲、沟通、交流的视觉语言，其实质就是设计师表述方案和想法的“说明书”。以“手绘”这一视觉语言所展现出来的“说明书”，其前提就是要说得清楚、说得明白，就此而言，景观设计手绘与美术在本质上具有明显的区别。

一、景观设计手绘的意义

景观设计手绘(也称景观设计手绘图)，是景观设计整体工程图纸中的一种，是通过绘画手段直观而形象地表达设计师的构思意图和最终效果。它既是用以表达景观设计意图的一种表现形式，也是设计师表达思想的一种媒介，同时也是传达设计师感情以及体现艺术设计构思的一种视觉语言。它具有鲜明的形体结构表现力和直观的场景展示效果，因而它也是最为常见且方便有效的表现形式。

二、景观设计手绘的作用

景观设计手绘的作用主要是表达设计师的设计思想，并把这种思想通过创作过程真实地展现给观众，使观众通过视觉感受，体会设计内涵和设计风格，进而分析研究设计方案的可行性和价值所在。

(一)表达设计师的构思

设计的过程首先是拟定整体的构思，再把这种设计理念通过各个阶段论证和细致规划，最终落实为设计方案。这些最初的粗略构思体现了设计师对设计已具有的思考，初步表达了设计的思想和基本形象，奠定了下一阶段表现设计方案的基础。

(二)体现设计师的表现手段

设计师在绘制景观设计方案的各个阶段大都体现着精炼、简捷、快速、生动的表现方式。尽管设计师绘制手绘图所使用的方式、艺术手法和材料工具各不相同，展示的风格也多种多样，但这种表现的不统一性恰恰突显了设计师们的个性，也充分体现了设计师的设计表现具有自己的表现特征。

(三)表现设计的真实效果

景观设计手绘的最终目的是要得到决策人的认可，而手绘表现的真实性正是认可的关键所在。因此，景观设计手绘图的这种真实性给人带来的是直观的感受，要易于理解，这对表现过程所使用表现技巧的选择也是十分重要的。

(四)给工程施工提供有利的依据

工程实施阶段也是景观设计手绘图最后落实的阶段。施工前，设计师要向施工人员进行设计意图的说明和方案图纸的技术交底，施工人员要根据设计说明和施工图纸选用材料，节约成本、减少浪费，采用切实可行的施工工艺，把设计构想变成现实。

三、景观设计手绘的两大阶段

(一)景观设计手绘的草图阶段

设计师在设计过程中的各个阶段都可能画出一些所需的效果草图，这些草图不仅有正面、背面、侧面的造型设计，同时也常常利用具有视觉效果的三维透视草图进行立体的构思和造型，这种直观的形象构思是设计师对方案进行自我推敲的一种语言，也是设计师相互交流探讨的一种语言，它利于场景造型与布局的把握和整体设计的进一步深化。

(二)景观设计手绘的定稿阶段

景观设计效果草图到了定稿阶段要求画面表现的场景空间、造型、色彩、尺度、质感都应准确、精细，并有艺术感染力，使观众尤其是决策人信服、感动，为此多采用表现力充分、便于刻画的工具和手段，在表现风格上则更多地强调社会审美的共性。就目前而言，景观设计效果(定稿)图制作大都采用各种先进的电脑软件来进行辅助设计、渲染和后期效果的处理，其制作速度、方案修改、材质表现、尺度比例等都是任何设计师靠手工绘制无法企及的。

四、景观设计手绘的绘制原则

在景观设计手绘工作中，设计师无论采用哪种表现形式，都应遵循“四项基本原则”，即真实性、科学性、实用性、艺术性。

(一) 真实性原则

景观设计手绘必须符合设计环境的客观真实。如场景内各要素之间的体量与比例、尺度等，在立体造型、材料质感、外观色彩等诸多方面都必须符合设计师所设计的效果和理念。

真实性是景观设计效果图的生命线，绝不能随心所欲地改变各项功能尺寸的限定，或者完全背离客观的设计内容而主观片面地追求画面的某种艺术趣味，或者错误地理解设计意图，表现出的气氛效果与原设计相去甚远。

景观设计手绘图与其他图纸相比更具有相对直观的说明性，而这种说明性就寓于其真实性之中。

决策者大都是从手绘图上领略设计构思和景观完成后的最终效果的。

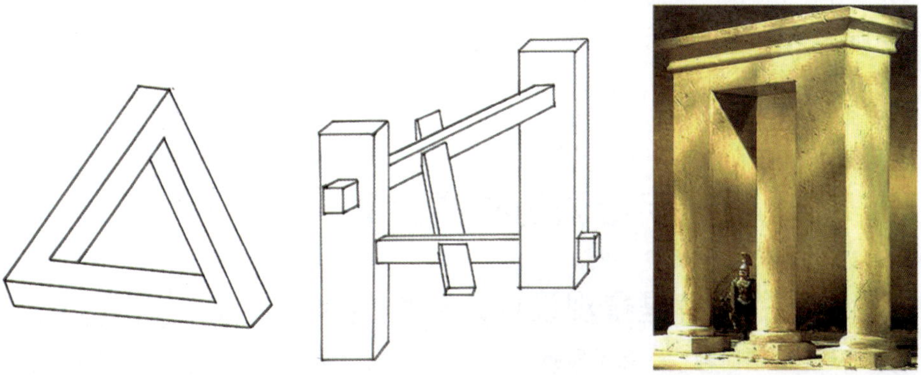

(矛盾的无法实现的结构关系)

（二）科学性原则

为了保证景观设计效果图的真实性，杜绝和避免绘制过程中出现的随意或曲解，必须按照科学的态度对待画面表现上的每一个环节。无论是起稿、作图或者对光影、色彩的处理，都必须遵从透视学和色彩学的基本规律与规范。这种近乎程式化的理性处理过程往往是先苦后甜，草率从事的结果却是欲速则不达，笔者数年的绘图实践对此深有体会。当然也不能把严谨的科学态度看作一成不变的教条，当你熟练地驾驭了这些科学的规律和法则之后就会完成从必然王国到自由王国的过渡，就能灵活地而不是死板地、创造性地而不是随意地完成设计最佳效果的表现。

科学性既是一种态度也是一种方法。透视与阴影的概念是科学；光与色的变化规律也是科学；结构形态比例的判定、构图的均衡、色彩的把握、绘图材料与工具的选择和使用等也都无不含有科学性。

（三）实用性原则

景观设计手绘的根本目的是用以指导设计实践，不是“纯绘画”，抛开其实用性便会失去设计手绘的根基，而景观设计手绘的实用性又是与真实性和科学性密不可分的。设计手绘的实用性意义，就是要具有强烈的说明作用。

（四）艺术性原则

景观设计手绘图既是一种科学性较强的说明性图纸，也可以成为一件具有较高艺术品位的艺术作品。完美的构图、精炼的线条、简洁的色彩都充分显示了一幅精彩的手绘图所具有的艺术魅力。但是，这种艺术魅力必须建立在真实性、科学性、实用性的基础之上，也必须建立在造型艺术严格的基本功训练的基础之上。

绘画方面的素描、色彩训练，构图知识，质感、光感的表现，空间气氛的构造，点、线、面构成规律的运用，视觉图形的感受等方法与技巧必然大大地增强手绘图的艺术感染力。在真实的前提下合理适度地提炼、概括与取舍也是必要的。选择最佳的表现角度和色彩配置本身就是一种在真实基础上的艺术创造，也是设计自身的进一步深化。

每一幅手绘图艺术性的强弱，取决于画者本人的艺术素养与气质。不同手法、技巧与风格的手绘图，充分展示画者的个性。每个设计师都要以自己的灵性、感受和独有的艺术语言去阐释、表现设计的效果，这就给一般性、程式化并有所制约的景观设计手绘图赋予了感人的艺术魅力，才使效果手绘图变得那么五彩纷呈、美不胜收。

综上所述，任何一幅优秀的景观设计手绘图都应遵循以上“四项基本原则”。正确认识和理解“四项基本原则”的相互作用与关系，在不同情况下有所侧重地发挥它们的效能，对我们学习、绘制、设计手绘图都是至关重要的。

五、景观设计手绘图的构成要素

（一）优秀的创意是景观设计手绘图的灵魂

设计师无论采用何种技法和手段，无论运用哪种绘画形式，画面所塑造的结构、形态、色彩、光影和环境效果都是围绕设计的立意与构思进行的。无论设计师的徒手草图或透视手绘图都是或多或少地为体现这个根本目的所展开的。优秀的创意是设计手绘图的灵魂，没有灵魂的设计，即使线条再美，色彩再艳丽，只能是一张“画皮”。

在绘图的过程中，设计师往往容易对形体透视的艺术和色彩变化津津乐道或投入很大精力来细致刻画，而忽略设计原本的立意和构思，这种缺少灵魂的手绘图犹如橱窗里的时装模特，平淡、冷漠，既不能通过画面传达设计师的感情，也不能激发观者(决策者)的情绪，因而在景观设计实践工作中，尽管一些设计手绘图的形式具有美感，终因内在力量单薄，缺少动人的情趣或词不达意而被淘汰。

设计师应正确地把握设计的立意与构思，在画面上尽可能多地表达出设计的目的、效果，创造出符合设计本意的最佳情趣。为此，设计师必须把提高自身的文化艺术修养、培养创造思维的能力和深刻的理解能力作为重要的培训目的贯穿于学习与实践的始终。

(二)准确的透视是手绘图的骨骼

设计构思是通过画面艺术形体来体现的。而形体在画面上的位置、大小、比例、方向的表现是建立在科学的透视规律基础上的。违背透视规律的形体与人的视觉平衡格格不入，画面就会失真，也就失去了美感的基础。因而，必须掌握透视规律，并应用其法则处理好各种形象，使画面的形体结构准确、真实、严谨、稳定。

除了对透视规律的熟知与运用之外，还必须学会用结构分析的方法来对待每个形体内在构成关系和各个形体之间的空间联系，这种联系也是构成画面“骨骼”的“纽带”和“筋腱”。学习结构分析除了科学地运用绘制的方法和技巧之外，主要依赖于结构素描(也称设计素描)的训练，特别要多以正方形体作感觉性的速写练习，以便更加准确、快捷地组合起这副“骨骼”。

(三)明暗色彩是手绘图的血肉

景观设计师在透视关系准确的“骨骼”上赋予恰当的明暗与色彩，可以完整地体现一个具有“灵魂”和“血肉”的空间形体。人们就是从这些外表“肌肤”的色光中感受到形的存在，感受到生命的灵气。一个优秀的设计师必须在色与光的处理上施展所有的技能和手段，以极大的热情去塑造理想中的形态。作为基础训练的课题，要注重色彩的构成基础知识的学习和掌握，注重色彩感觉与心理感受之间的关系，注重各种上色技巧以及绘图材料、工具和笔法的运用。

以上三个方面就是构成景观设计手绘图的基本要素，如果说第一项是“务虚”，而后两项则是“务实”。用内在的“虚”作指导，着力表现出外在的“实”，然后再以其实实在在的形体、色光去反映表达内在的精神和情感，赋予景观设计手绘图以“生命”。

本章思考题：

1.实用设计手绘的八字方针是什么?景观设计手绘与“美术”绘画的本质区别是什么?

2.景观设计手绘的作用、意义、绘制原则、构成要素分别是什么?

第二章
景观设计手绘基础

一、线条的练习

线条是一切设计手绘使用的最基本要素。

线条的质量直接影响着设计效果图的质量。

如何熟练掌握、灵活运用、巧妙发挥线条，是景观设计师的基本功。设计师要对所使用的线条赋予“质”的属性，通过运笔动作变化，如顺逆、转折、疾徐、顿挫、颤动、粗细、连断、方圆、虚实、光毛等，来表现对象的力感和美感。

我们可以用不同的笔、不同的力度、不同的角度来体验不同的线条效果。同时，我们在训练的过程中还要悉心体会不同的笔在不同的纸张上所表现出来的不同变化。

进行大量的线条训练，就是为了使我们在未来的设计工作中对线条的曲直、方向、长短、起收等具有良好的驾驭能力。

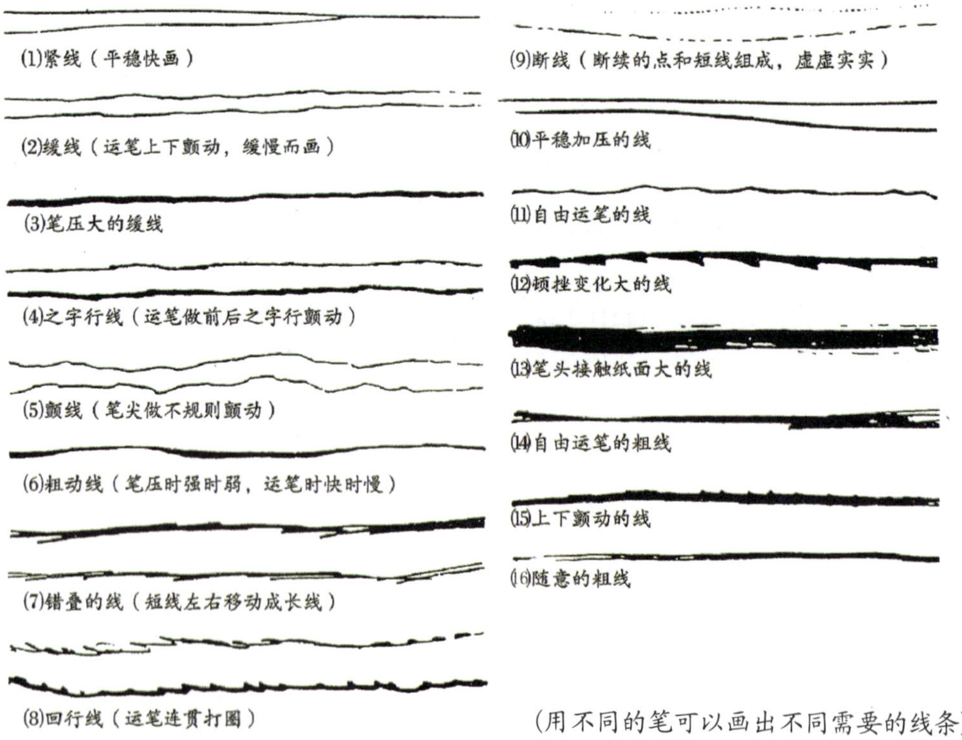

（用不同的笔可以画出不同需要的线条）

正确的握笔姿势是练好线条的保障。

线条的流畅、准确、轻重、急缓等都是建立在正确的握笔姿势之上的。

所谓“字如其人”。线要潇洒，姿态也要优美。

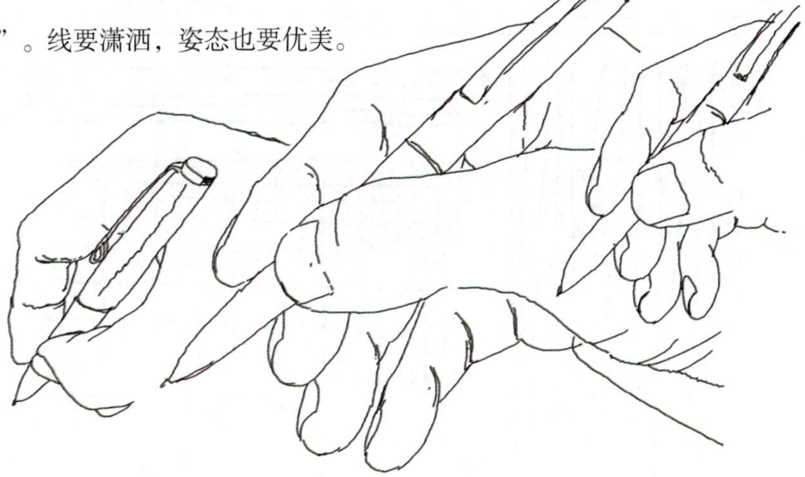

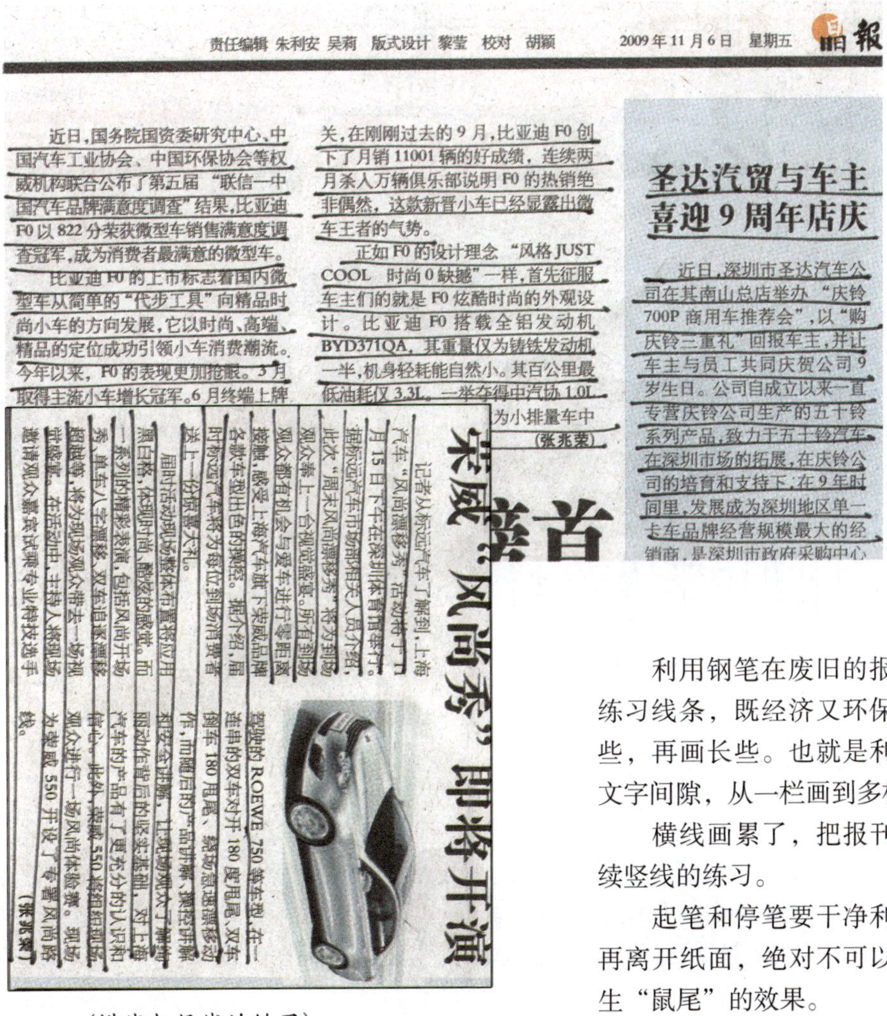

责任编辑 朱利安 吴莉 版式设计 黎莹 校对 胡颖 2009年11月6日 星期五 晶報

近日，国务院国资委研究中心、中国汽车工业协会、中国环保协会等权威机构联合公布了第五届“联信—中国汽车品牌满意度调查”结果，比亚迪F0以822分荣获微型车销售满意度调查冠军，成为消费者最满意的微型车。

比亚迪F0的上市标志着国内微型车从简单的“代步工具”向精品时尚小车的方向发展，它以时尚、高端、精品的定位成功引领小车消费潮流。今年以来，F0的表现更加抢眼。3月取得主流小车增长冠军，6月终端上牌……关，在刚刚过去的9月，比亚迪F0创下了月销11001辆的好成绩，连续两月杀入万辆俱乐部说明F0的热销绝非偶然，这款新晋小车已经显露出微车王者的气势。

正如F0的设计理念“风格JUST COOL 时尚0缺撼”一样，首先征服车主们的就是F0炫酷时尚的外观设计。比亚迪F0搭载全铝发动机BYD371QA，其重量仅为铸铁发动机一半，机身轻耗能自然小。其百公里最低油耗仅3.3L，一举夺得中汽协1.0L……为小排量车中……(张兆荣)

圣达汽贸与车主喜迎9周年店庆

近日，深圳市圣达汽车公司在其南山总店举办“庆铃700P商用车推荐会”，以“购庆铃三重礼”回报车主，并让车主与员工共同庆贺公司9岁生日。公司自成立以来一直专营庆铃公司生产的五十铃系列产品，致力于五十铃汽车在深圳市场的拓展，在庆铃公司的培育和支持下，在9年时间里，发展成为深圳地区单一卡车品牌经营规模最大的经销商，是深圳市政府采购中心……

荣威“风尚秀”即将开演

(横线与竖线的练习)

利用钢笔在废旧的报纸、杂志上来练习线条，既经济又环保。可以先画短些，再画长些。也就是利用报刊的分栏文字间隙，从一栏画到多栏。

横线画累了，把报刊旋转一下，继续竖线的练习。

起笔和停笔要干净利落，笔停住后再离开纸面，绝对不可以让线条失控产生“鼠尾”的效果。

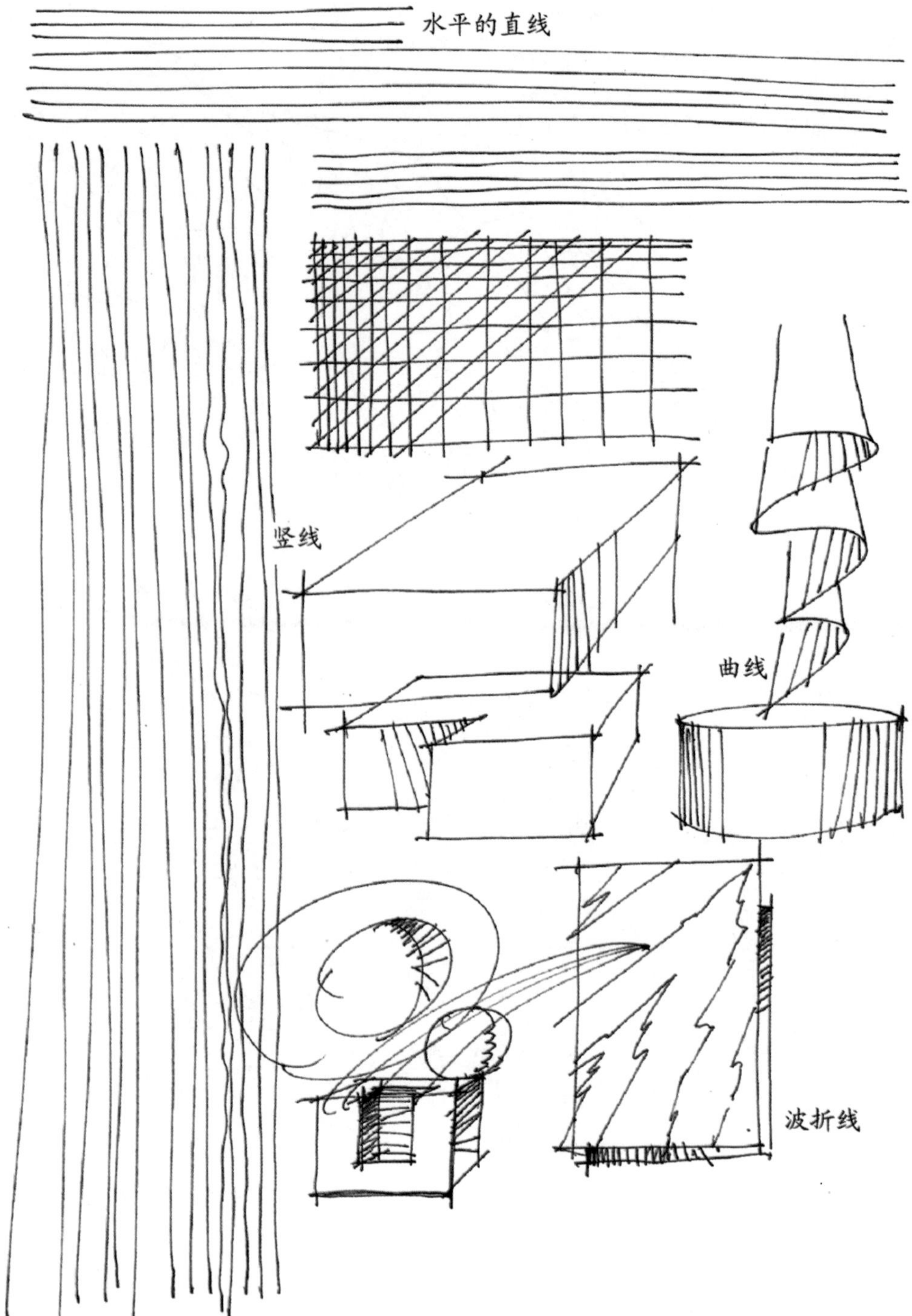

长线的练习是要注意控制方向。水平线与竖线(垂直方向)均要以纸张的边线为衡量标准。

为了准确把握线条的方向，练习中可先用钢笔确定起、止两点然后连线的方法，笔在起点上，眼睛盯住停止的点迅速连线。眼睛千万不要跟着笔尖移动。

许多设计师画出的线条起收处会出现一些萦丝，那是无意中带出来的，初学者千万不要刻意追求模仿。

排线主要是在形体块面中制造明暗层次，通过排线的多样变化来表现物体的立体感。因此，要研究排线的韵律和节奏，诸如疏密、粗细、交叉、重叠和方向等变化所产生的画面美感。

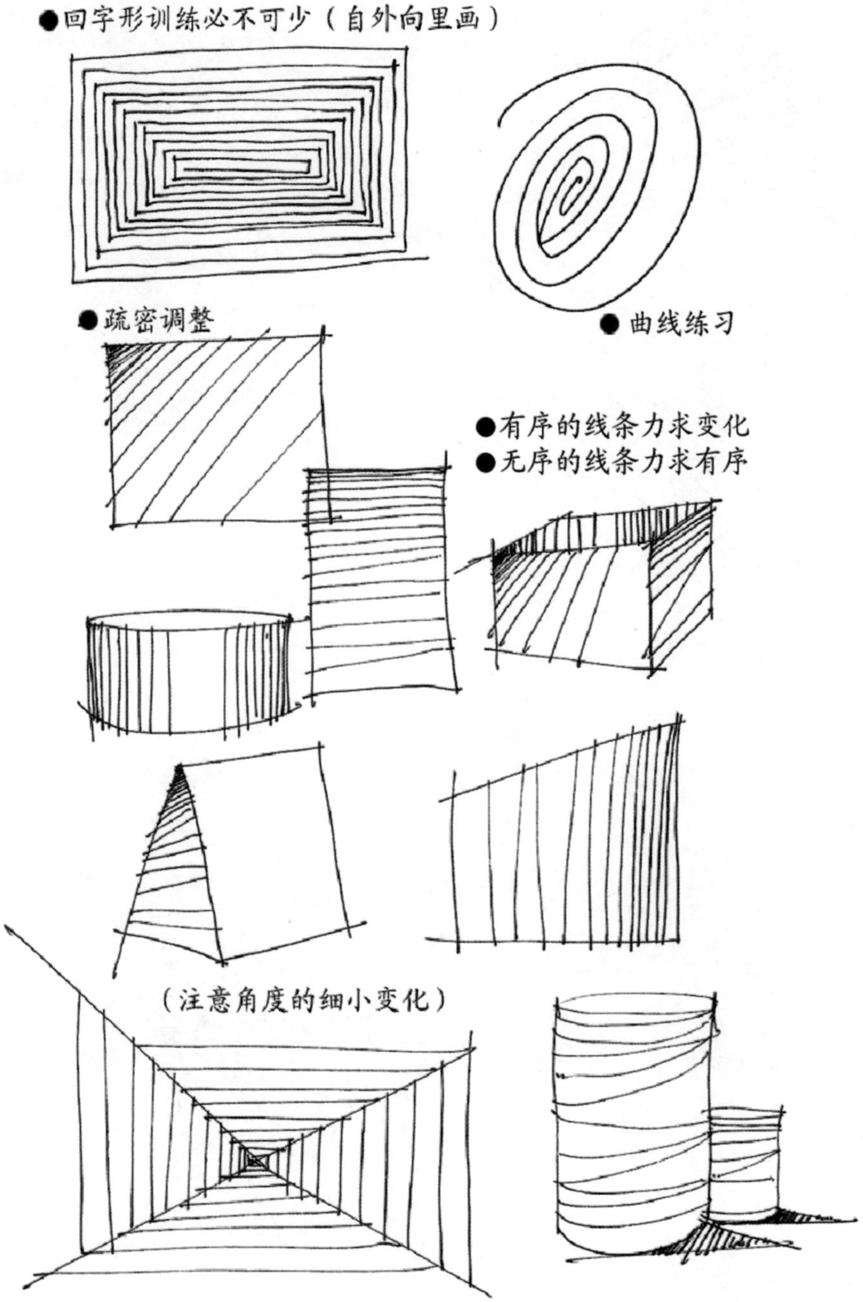

由于工具材料的限制，钢笔不能像铅笔画、木炭画那样通过自由地层层添加、反复修改来再现物体细微的明暗变化。要把眼中物体结构丰富的明暗转为运用钢笔排线来表现，惟有进行艺术处理，概括相邻近的层次，而又能画出与自然调子相近的对比关系来表现形象。也就是说，减少(甚至忽略不计)相邻面及周围面的明度层次，从而充分体现清晰峻锐、质朴明净、黑白分明、简洁概括的画面特点。

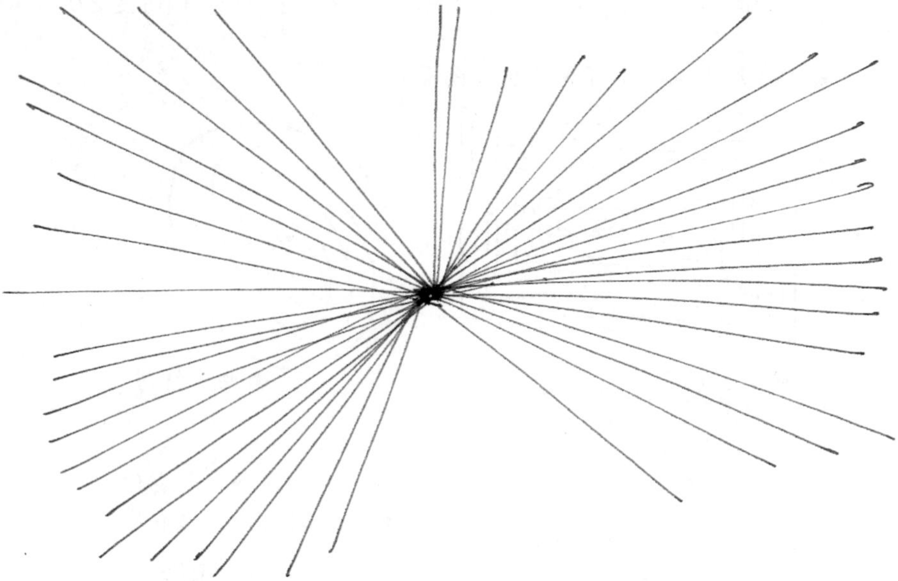

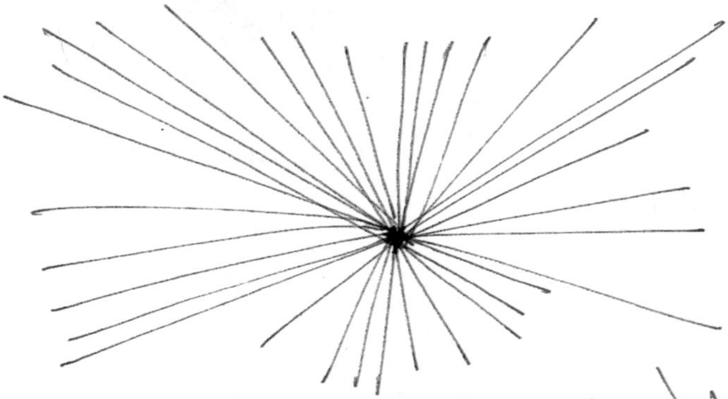

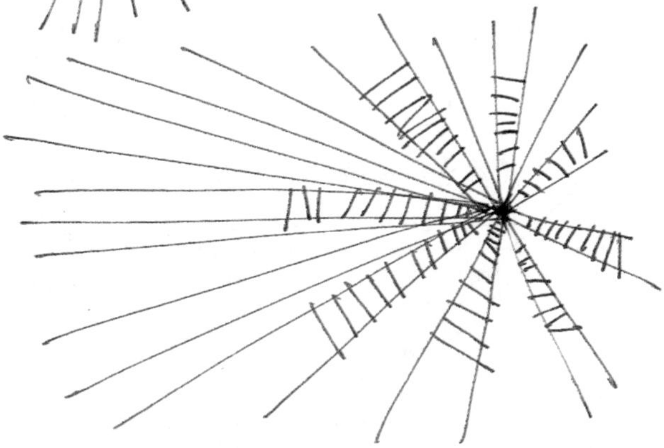

“蜘蛛”线的练习

倾斜线的练习最重要的是注意控制方向。

在纸的中央先确定一个心点，心点左侧和上部的线直接连到心点位置；心点右侧和下部的线需先确定停止的点，然后连线。行笔的顺序和写字一样，自左而右、自上而下，不可逆行笔。

钢笔徒手画线，允许有误差存在。优秀的线条控制在3‰误差范围内，合格的线条允许误差在5‰～8‰范围内，即1米长的线条允许有3～5毫米的误差。

不同的笔、不同的笔触会表现出不同质感。

娴熟的线条表现会体现出生命的活力，我们也常常会被那优美的线条所感动。

（裴爱群　钢笔临摹示范）

（裴爱群　钢笔线条示范）

二、结构素描

结构素描(也称设计素描)是一切设计工作的基础，对培养学生的观察分析能力、空间形态变化的想象能力以及徒手准确表达形体的刻画能力都是十分有利的。

结构素描写生要求画者在观察形体时忽略光影和色彩，从外形的轮廓入手(仅仅是构图框架的需要)，寻找影响外形变化的所有点，寻找与外形的体、面有关的结构线，以这些点、线为基准，按照透视变形规律，从内到外、从基面到空间、从模糊到清晰，校正原来的外部轮廓，在反复的观察、比较与分析中，逐步确立三维空间中的立体形态。

这类练习最好是从石膏几何体或较透明的简单玻璃制品入手。

由于各种结构素描的教材市场上已经很多了，本书不作赘述。

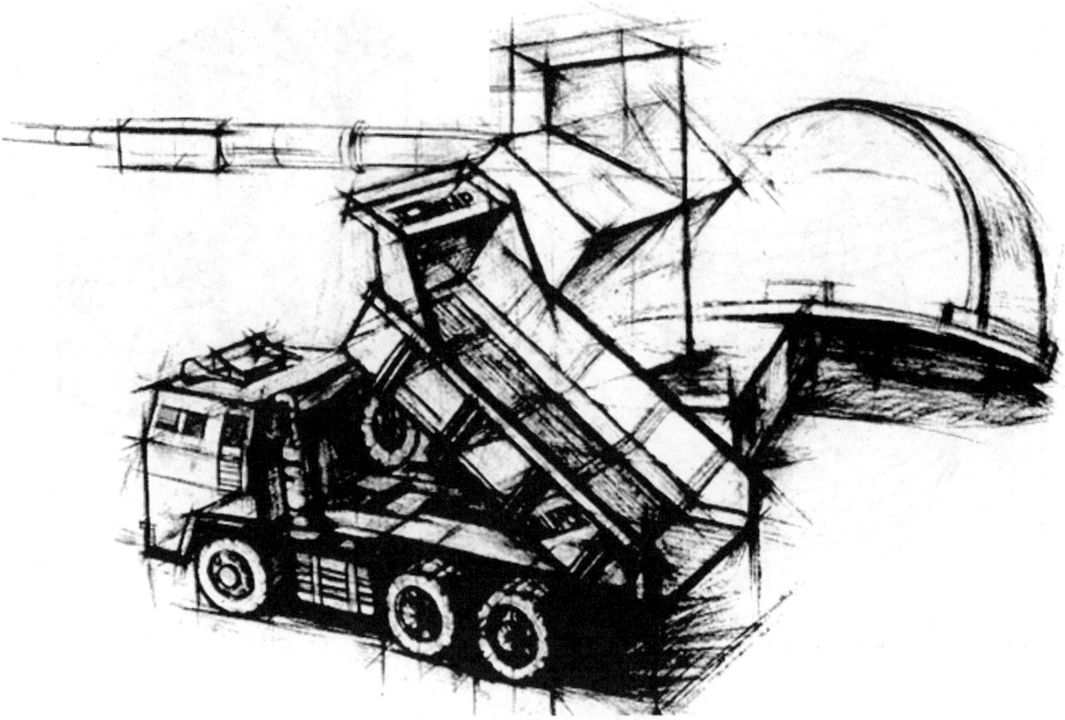

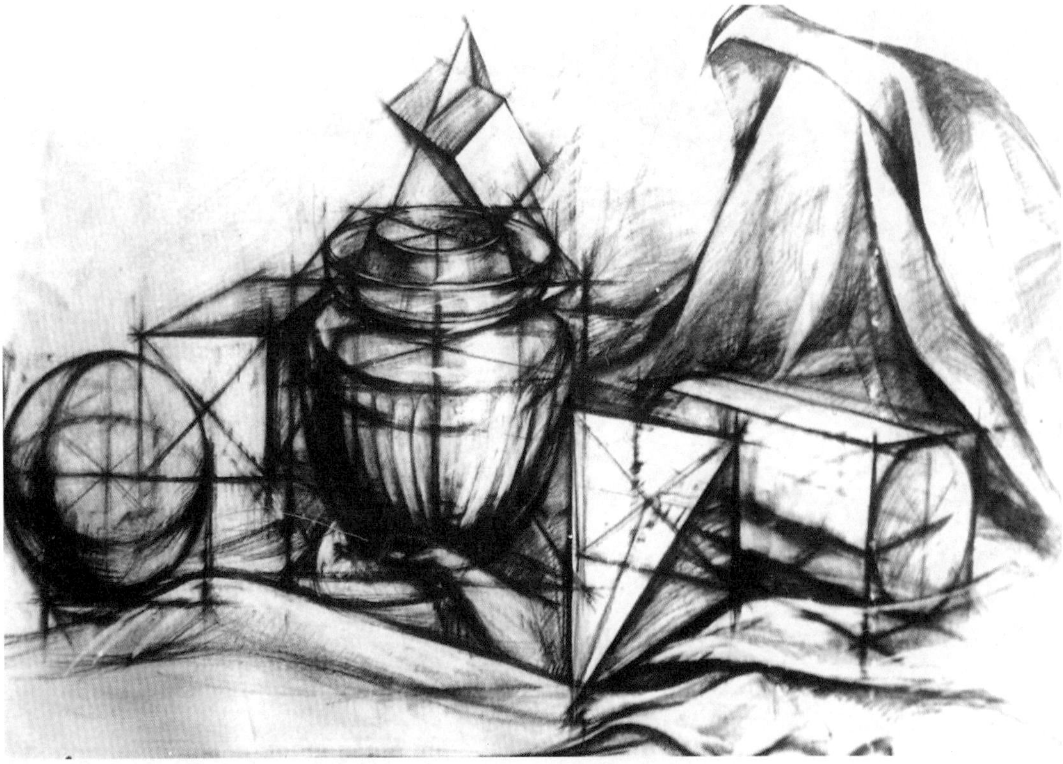

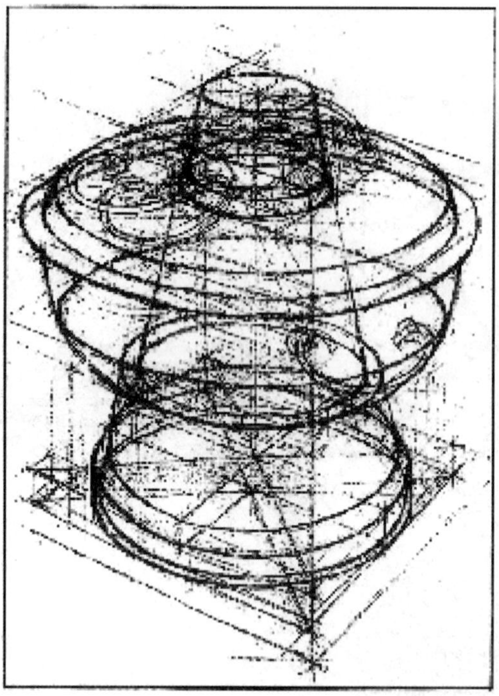

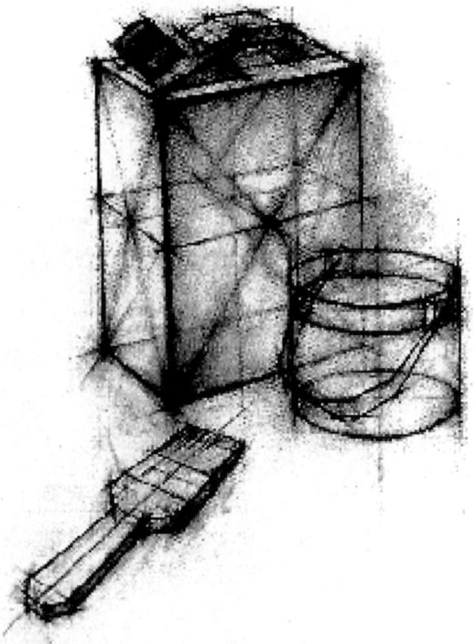

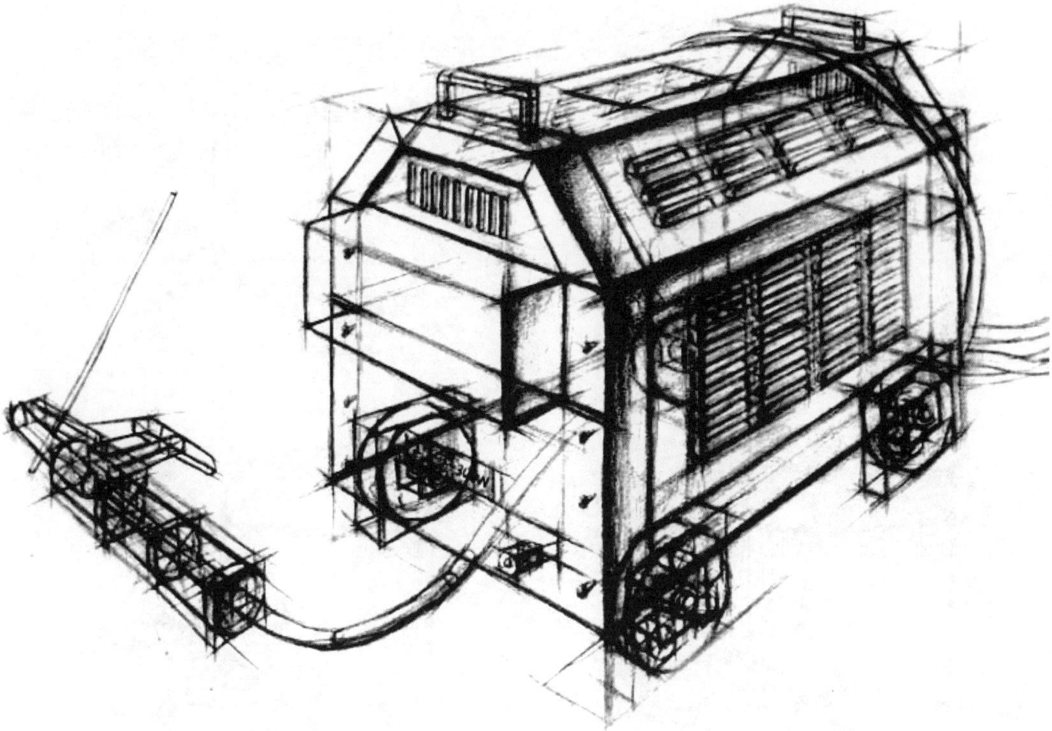

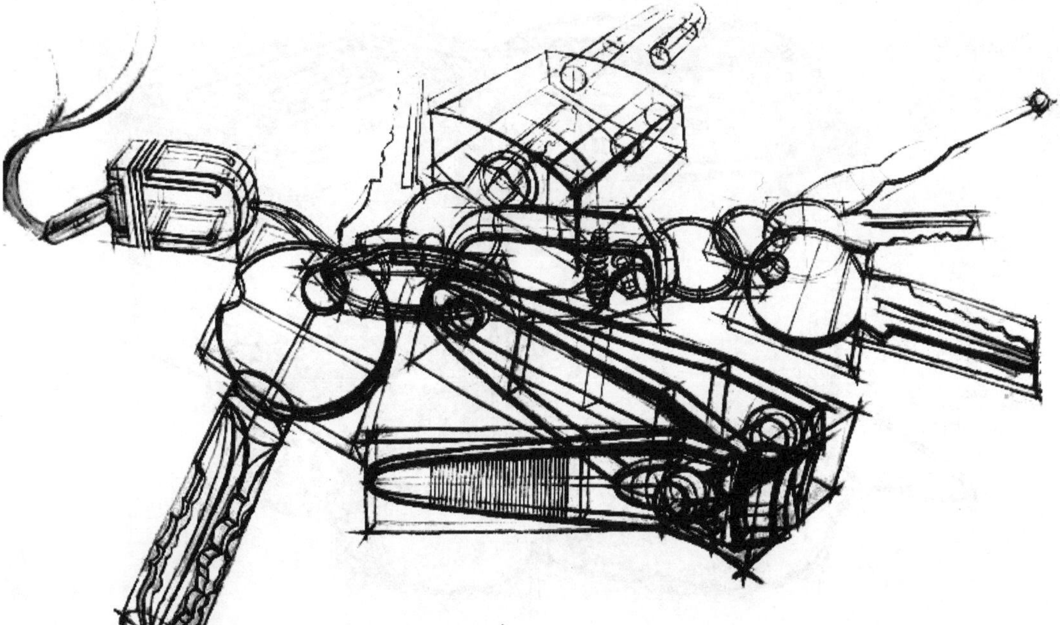

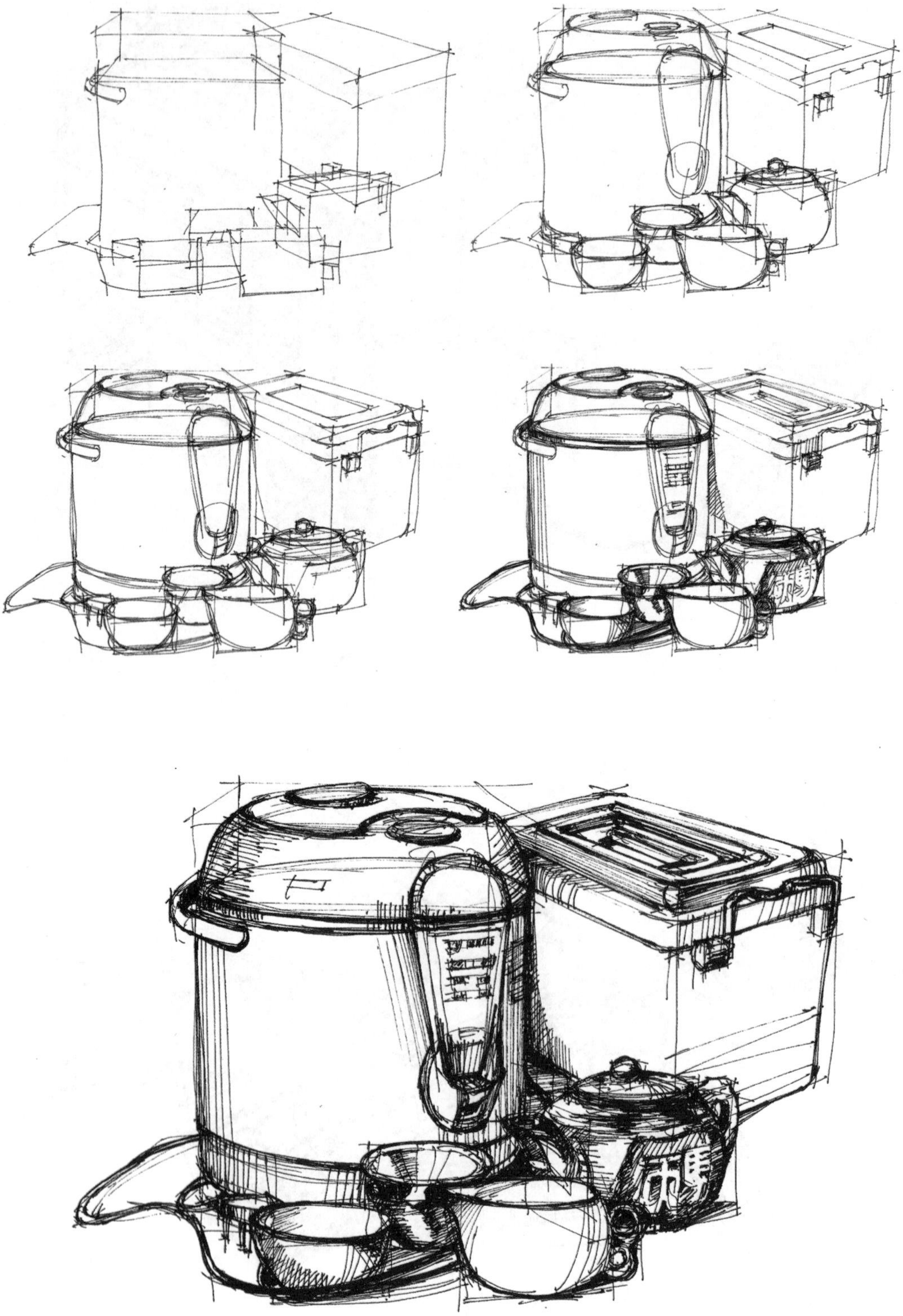

(裴爱群　钢笔结构素描教学演示)

充分熟悉几何体的透视关系，为后面的各种钢笔徒手表现打好基础。

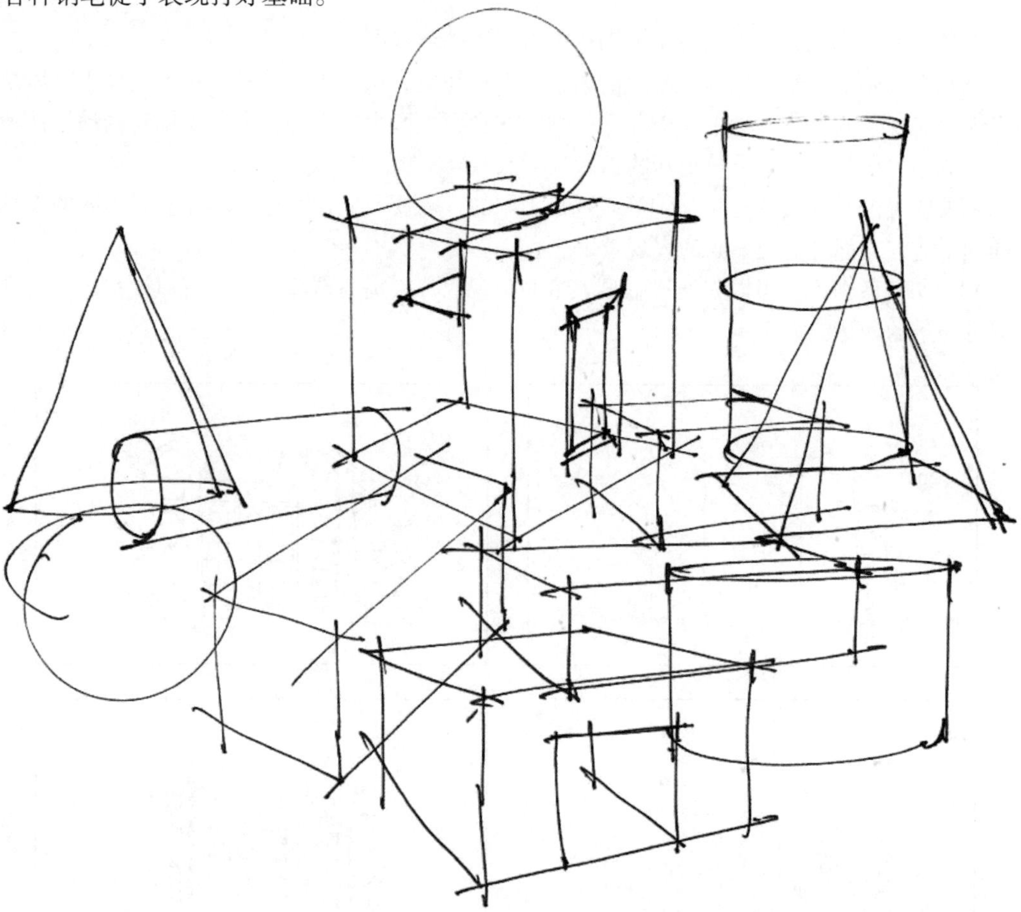

三、写生训练

线条的完美表现，可以在写生的训练中得到进一步提高。

景观设计师的写生训练与美术上的风景、人物写生有很大不同，其侧重点偏重于物体结构的表现。在复杂的自然环境中提炼并升华物体在画面中产生的美感，充分挖掘和调动设计师的思想、情感，在画面上赋予景观新的生命。

需要明确的是：设计写生与钢笔表现是不同的，需要我们认真地用心体会。不同的工具、不同的用笔方式都会出现不同的表现效果。

对于初学者来说，可以先通过临摹大量的景观照片来提高造型能力，再通过实景写生进一步提升场景的表达能力。

（裴爱群　广州黄花岗烈士陵园写生）

对于初学者来说，写生主要可以分为以下几个步骤。

勾画大体轮廓　可先用铅笔将要表现的建筑物的大体轮廓勾画出来，在进行画面构图布局的同时，还需要进行仔细的观察与分析，明确其表现对象的比例关系与透视关系。如果遇到结构比较复杂的建筑物，还要画出该建筑物的部分透视消失线与消失点作辅助，以使建筑物的轮廓线能勾画得准，并符合建筑透视的变化规律。

绘制整个画面　在勾画大体轮廓的基础上，用钢笔徒手线条将所需表现的建筑物及环境场所的整个画面绘制出来。在这个过程中应注意把握徒手线条的轻重缓急与前后、穿插、转折等关系，并尽可能在这个阶段将整个画面的形体、空间与环境场所的主体内容表现出来。

局部细致刻画　各个局部的细致刻画要求能够一次完成，在落笔前必须仔细观察所刻画的表现对象，比较其前、中、远景物的色调差异，准确地选择出所使用的徒手线条与笔触。画面上哪个部分先画与后画，要从整个构图的需要出发，从而做到胸有成竹、有条不紊地进行。另外，在局部刻画中还要时刻考虑其与整体的关系，以便于整个画面关系的把握，最终能做到整体之中有深入细致的刻画内容。

画面整体调整　在完成局部刻画以后，就要对整个画面进行整体的调整与处理，使各个局部之间的关系能够更加协调。画面的调整要从整体出发，通过对画面黑白关系的调整使画面更为完整。

对那些已熟练掌握钢笔徒手写生的设计师来说，可不用铅笔勾画所绘场景的大体轮廓，而是直接用钢笔徒手线条从某一位置画起，这样可使其流畅、洒脱的徒手线条不受到轮廓铅笔线的限制，从而比较自由地体现钢笔徒手线条的神韵及表现出所绘场景的个性特征。但是对于诸多初学者来说，还是应该一步一个脚印地走，遵循绘图的步骤来完成写生练习与作业，否则容易误入歧途。欲速则不达这一点是初学者必须时刻牢记在心的。

（裴爱群　广州沙面建筑写生）

（裴爱群 广州中山大学陈嘉庚纪念堂）

（裴爱群 建筑写生）

哈尔滨圣索菲亚教堂
2008.

2008.7.26

2008.

四、需要准备的工具

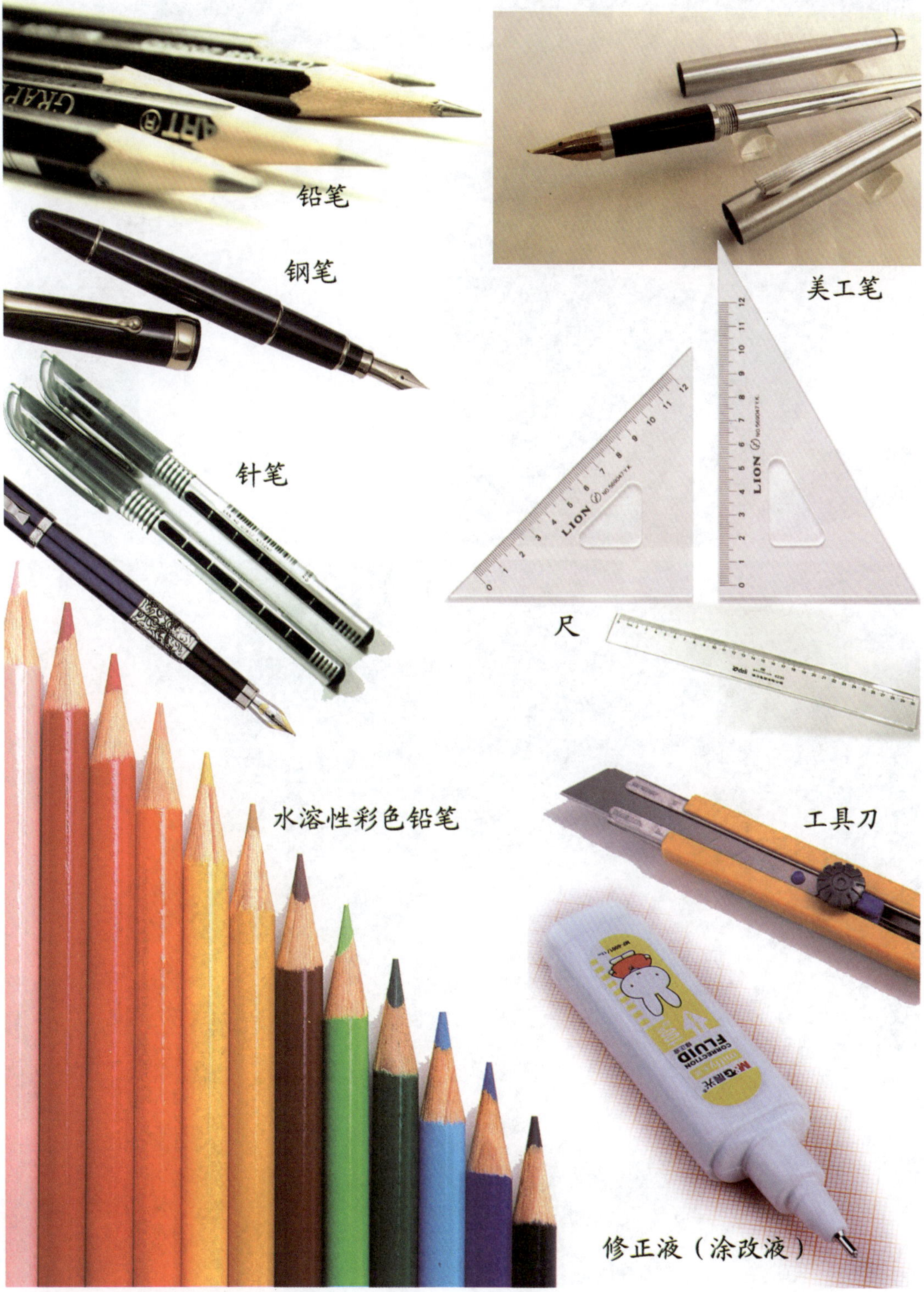

油性、水性等各类马克笔(MARKER，也称麦克笔)。

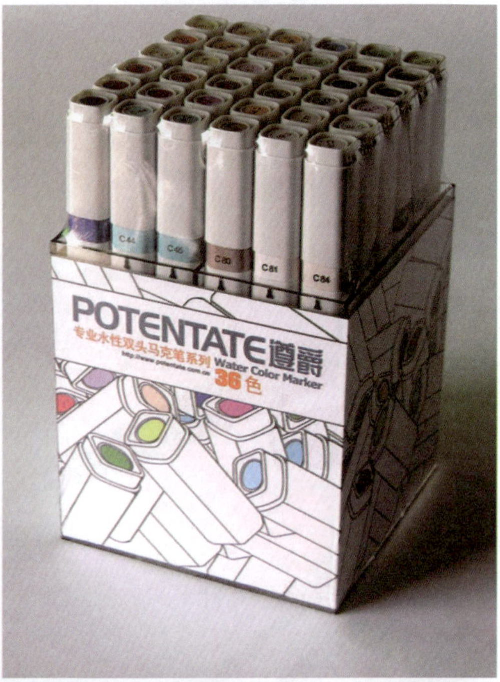

韩国马克笔在彩色打印纸上的色标：

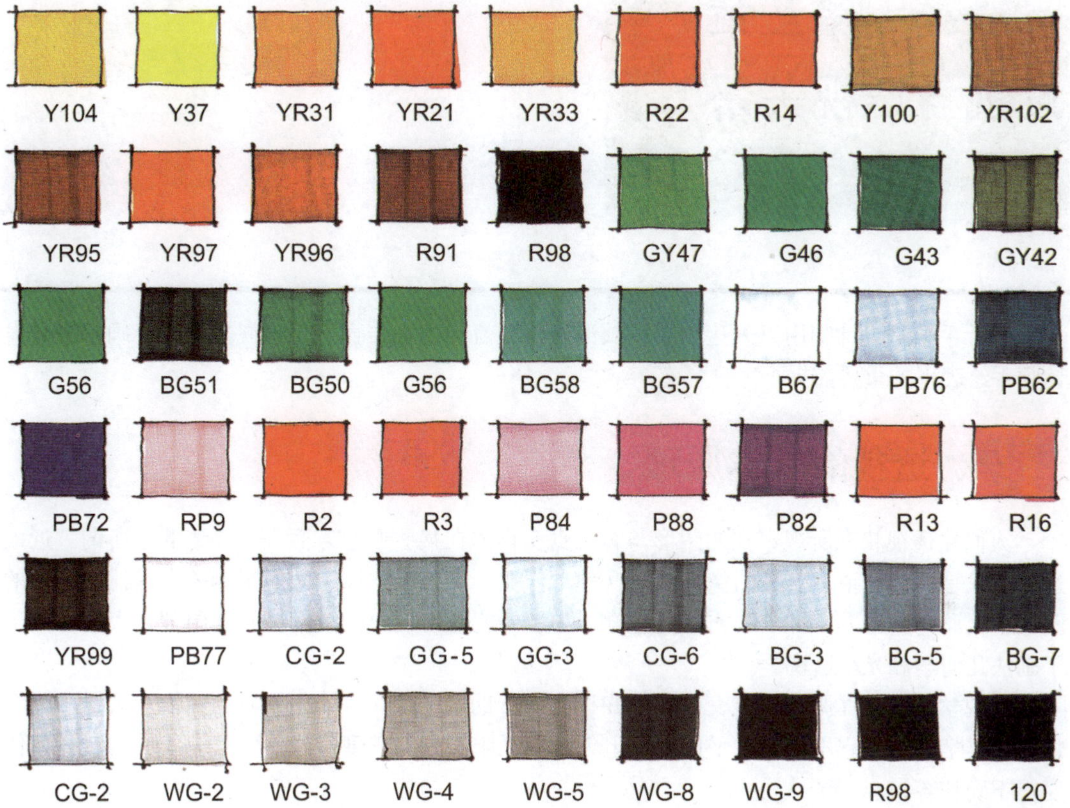

美国马克笔在彩色打印纸上的色标：

第三章
透视与透视关系

设计手绘是设计师用以表达情感以及沟通与交流的视觉语言。对透视关系的准确把握是设计师手绘表现的重要前提。

一、透视的基本原理

人们在透视状态所观察到的图形与客观真实物体在某些概念方面是不一致的，所谓“近大远小”只是一种“错觉”的图像，然而这种“错觉”却符合物体在人们眼球的水晶体上呈现的图像，因而它又给人一种“真实”的感觉。为了研究这个现象的科学性及其原理，人们总结出了画法几何学和光影透视学。

透视学是与立体画法相配套的科学知识——帮助我们以在空间中所看到的样子去描绘周围物体的科学法则。它不仅能在平面的纸上创造出无限深远的三度空间，而且使我们的设计创作变得正确和容易。

请发挥一下想像力，在我们眼睛的高度上有一个无边的大水平面，它把整个可见的空间分为从上看和从下看。这条水平面所形成的直线叫透视视平线，又称地平线。所站的地势高，视平线也高，地面上的景物看得多些；所站的地势低，视平线也低，地面上的景物就看得少些，近处的树木、建筑物就显得高耸些。

在透视中，包含两个重要的法则：

第一个重要法则是“近大远小”法则。所谓“近大远小”，包括两个内涵：一是等大物体近大远小的体量变化；二是等距物体的近大远小的画面“距离”变化。

第二个重要法则是“消失点”法则。

有透视必然存在消失点(或叫灭点)，即自然中的平行线，都相交于地平线上的消失点。

我们可以联想在生活中常见的景物：当站在铁路边看平行的铁轨，站在路边看建筑物、看伸展的道路和电线杆越远越收拢，间距也在变窄，这些自然现象都是依循透视法则的。

换句话说，只要在透视情形下，必然存在消失点(也称灭点)，也必然存在近大远小的视觉效果。

所谓透视，顾名思义就是在物体与观者之间假设有一个透明的平面，观者对物体各点射出的视线，与此平面相交之点连接所形成的图形即为透视图形。而透视图则是以作画者的眼睛为中心做出的空间物体在画面上的中心投影(而非平行投影)。它具有将三维的空间物体转换或便于表达到画面上的二维图像的作用。应该指出的是，若想绘制理想的透视图，就必须重视透视的科学性，应按照透视的基本规律，运用科学的作图方法进行绘制，而不能随心所欲、任意夸张。因为只有这样才能使透视图中的建筑形象真实地体现出其形体结构与空间关系。

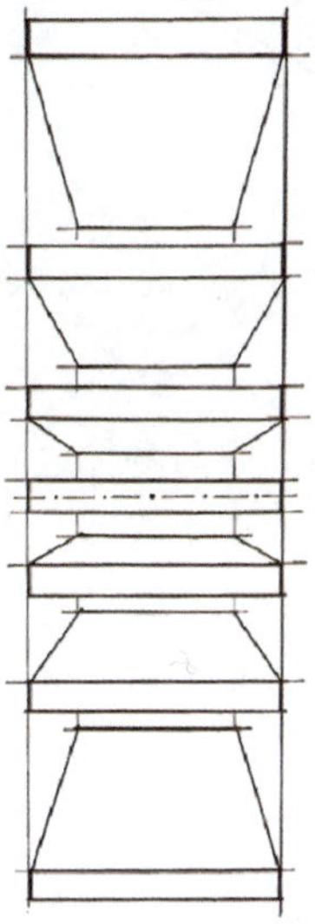

二、透视的基本概念

为了了解透视的基本原理，初学者在学习透视时必须首先熟悉有关透视学的常用术语与含义：

1. 画面(PP)：位于观察者与物体间的假设的(透明)平面，或称垂直投影面；
2. 基面(GP)：承受物体的平面(最基本的参照面)；
3. 基线(GL)：画面与基面的交接线；
4. 视点(EP)：观察者眼睛的位置(一般在立点SP上部的某一点)；
5. 视距(D)：视点到画面的垂直距离；
6. 视平线(HL)：观察物体时眼睛的高度线，又称眼睛在画面高度的水平线；
7. 立点(SP)：观察者所处的位置(也称足点)；
8. 视高(EL)：观察者的眼睛距基面的高度，也是视点EP与立点SP之间的距离；
9. 心点(CV)：视点在画面上的投影点；
10. 灭点(VP)：与基面平行、但不与基线平行的若干条线在无穷远处汇集的点即为灭点；
11. 视线(SL)：视点和物体上任意点的连线；
12. 视中线：视点与视平线的垂直连线。

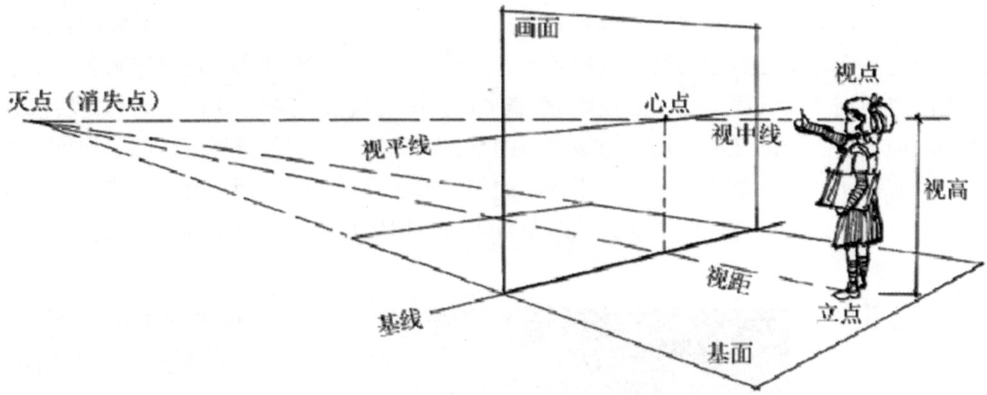

(一)画面

透视学中为了解决把一切立体的形象都容纳在一个平面上来的问题，就在人眼与物体之间假定有一个透明的(虚拟)平面，叫做“画面”。它必须垂直于基面，必须与画者视中线即注视方向的视线垂直，与画者的脸面平行。

“画面”虽然看不见摸不着，但非常重要，透视学中所要解决的一切问题都是先在这个“画面”上进行研究的。

如右下图，画者在3根等距离电线杆的前面，他与电线杆之间有一个透明的“画面”。电线杆的1、2、3点和4、5、6点向画者眼中投射过来，当它们通过“画面”时留下了1′、2′、3′、4′、5′、6′，这时我们看到“画面”上的三根电杆已经产生了近长远短的透视变化，这就是写生时从实物到“画面”，从“画面”到人眼，再描在纸上的关系。

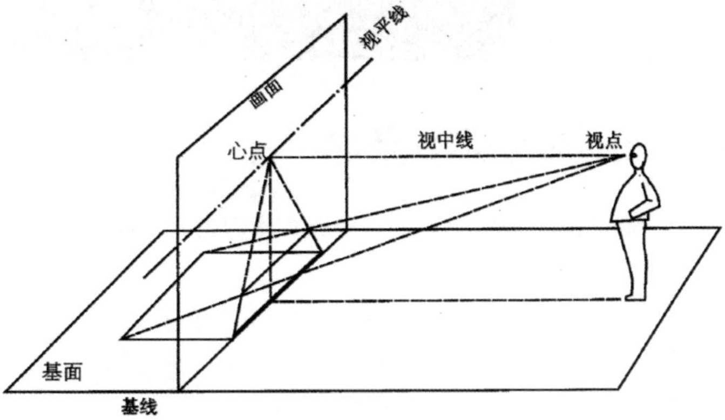

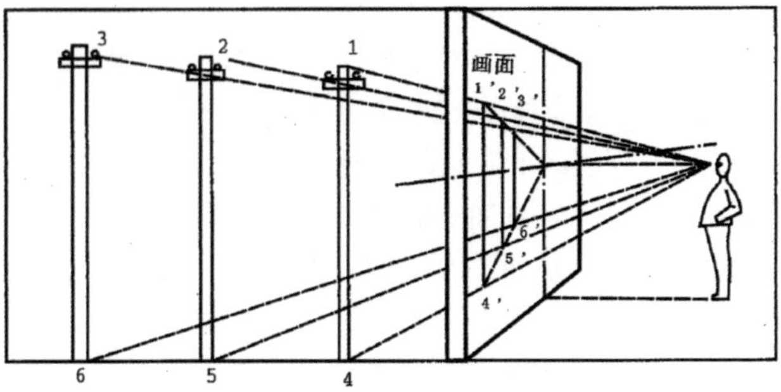

（二）基面、基线

基面即放置物体的平面，在室内设计手绘中，也可以理解为所处空间的参照平面。需要特别指出的是：它既不是地面，也未必是水平的。比如我们需要设计的空间在5楼，那么我们通常就会以5楼的地面为设定的基面，可见它与真正的地面不是一码事。在大多情况下，我们所设定的基面为水平的，但俯视和仰视状态下基面就不会为水平状态，对这一点一定要明确、认识、理解。

画面与基面的交线叫基线。

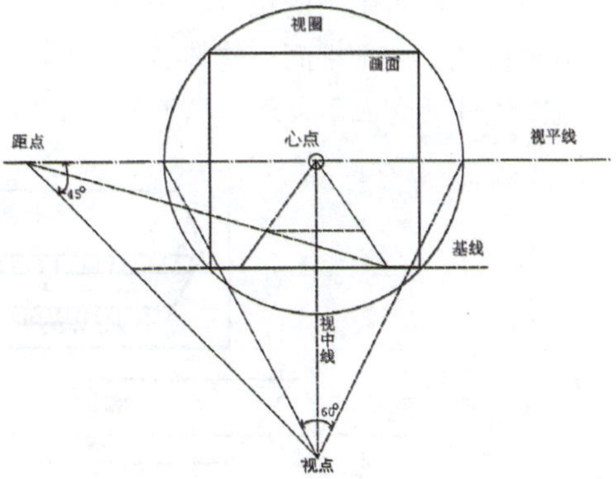

（三）视圈（视域）

视圈即人眼位置固定时所见外界景物的范围。头部不转动，眼光向前看，从画者的眼（即视点）形成60度角（人的最大视角范围，这是人的生理机能决定的，也是诸多设计师忽略的和容易出现错误的问题）的视线所形成的圆锥（视锥），视锥与透明“画面”相接的底面圆形叫做视域。

视域的内与外所形成的界线就叫做视圈。

右下图圆圈内是60度视域以内的方形，圆圈以外是超出视域以外的方形。由此可见，反映视域之外的一切图形都是失真的图像。

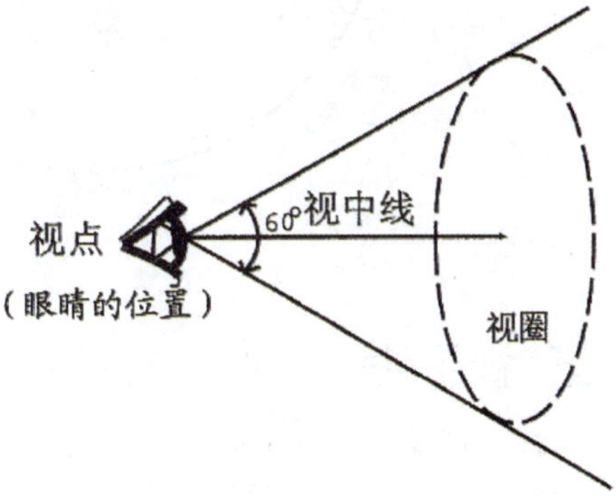

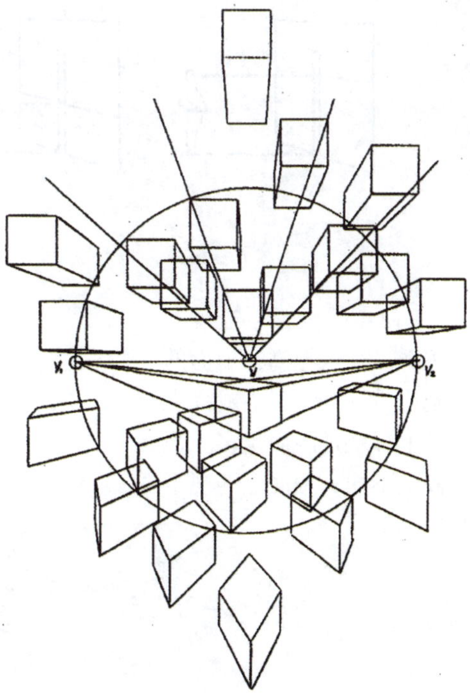

(四)视点与视距

视点就是画者眼睛的位置。视距是画面与视点之间的垂直距离。

画透视图必须把空间或物体放置在60度视角的视圈之内，才能画出符合透视关系的感觉，超出视圈以外就变成不合理的畸形状态了。

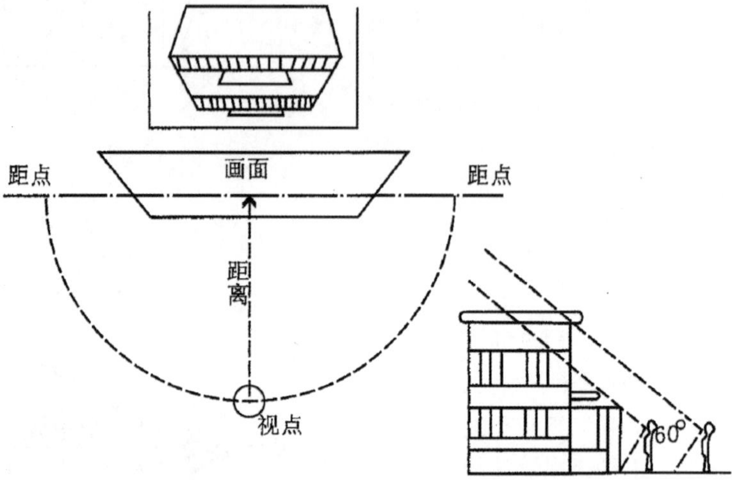

(五)视平线

视平线就是视平面与画面的相交线。也可以理解成心点(有些人称为主点)向左右延伸的水平线。画面上只能有一根视平线。

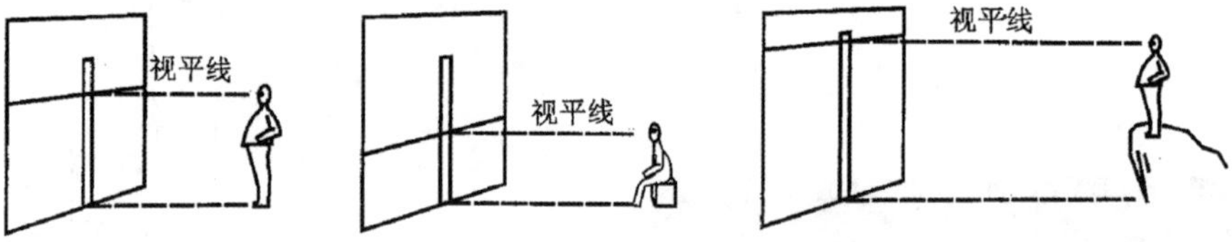

1. 视点的位置与透视有很大关系。视点越高，地面的视野越广。反之，天空或高大建筑的上部就进画面越多。视点的高低不同，画面上的视平线高低也不同。

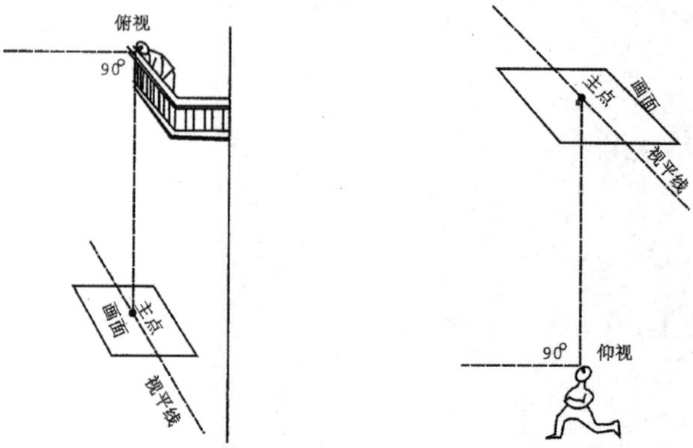

2．当我们从高处向下看(俯视)或从低处往高处看(仰视)，视平线与视点的高度不会在同一水平状态(此时，与视中线平行的基面的角度也随之变化)。

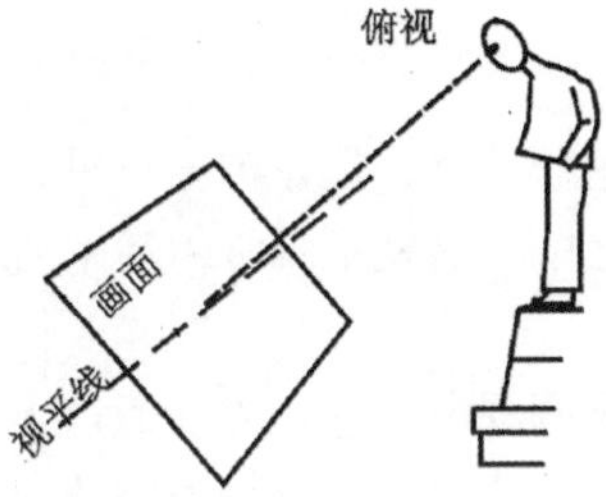

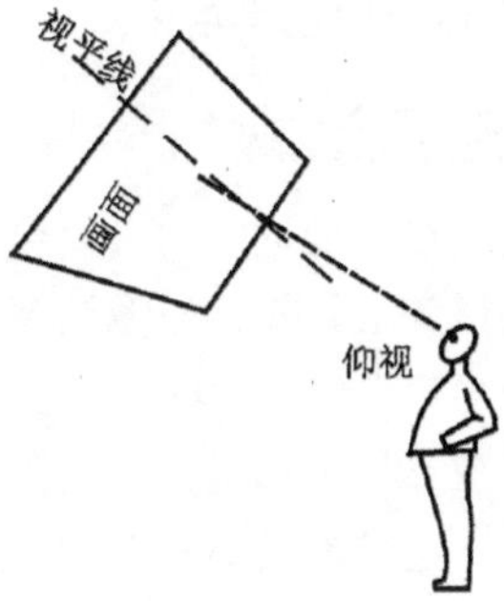

三、透视的基本规律

1．等高物体距离人的视点愈近，感觉愈疏，反之愈密；
2．等距间的物体距离人的视点愈近，感觉愈大，反之愈小；
3．等体量的物体距离人的视点愈近，感觉愈大，反之愈小；
4．物体有规律的摆放后，物体上的平行直线与视点会产生夹角，并消失于一点；
5．消失点愈低，物体感觉愈高大，反之则愈矮小。

四、透视的种类

透视是透视学对透视现象的统称。而在实际运用中，从其观察的形式上大体可以分为两大类，一是空气透视(色彩透视)，二是形体透视。

(一)空气透视

当我们站在高处远眺时，就会发现近处的物体色彩鲜艳，形象清晰可见，而远处的物体轮廓模糊，色彩灰暗，并且好像被笼罩在一层蓝灰色之中，这就是日常生活中所见到的空气透视现象。

空气透视又称色彩透视，它是客观存在的一种空间现象。它是光线通过大气层时，由于空气中的气体、尘埃等微小颗粒的作用，使色光发生散射造成的。空气透视的现象会随着空间距离的加大而更加明显。在装饰设计手绘图中画出空气透视的现象，画面中就能感觉到空间中物体之间的远近距离。

空气透视会造成物体形、色等方面的变化，其变化规律如下：

1. 近处的物体色彩纯度高，远处的物体色彩纯度低；
2. 近处的物体色彩对比强，远处的物体色彩对比弱；
3. 近处的物体色相偏暖，远处的物体色相偏冷；
4. 近处的物体轮廓清楚，细部明显可见；远处的物体轮廓模糊，细部不明显；更远处细部消失；
5. 近处的物体明暗对比强，远处的物体明暗对比弱；
6. 深色物体在远处颜色不深，淡色物体在远处颜色不淡。

以上几点是物体在空气透视中形、色发生变化的规律，我们在设计手绘图中，不能光凭感觉作画，而必须深入探讨和研究，根据空间距离、空间的形态、空间中物体的位置，有目的、有意识地把近处的物体画得明暗对比强一点儿，色彩纯度高一点儿，色相暖一点儿，细部画得细一点儿。而对远处的物体，根据其在空间位置的远近，降低色彩和明暗的对比，形成远近物体的强弱对比，从而表现出空间透视的现象，形成画面上的空间感。

(二)形体透视

形体透视又称为线的透视，是研究物体由于其外形及位置的不同，表现到画面上发生变化的透视技法。本书所涉及的透视内容，主要是研究物体的形体透视。

景观景物一般都可以概括成三维空间的几何体，由于我们看它时的角度不同，在设计手绘的表现中通常会出现三种不同的透视情况，现分别列举如下。

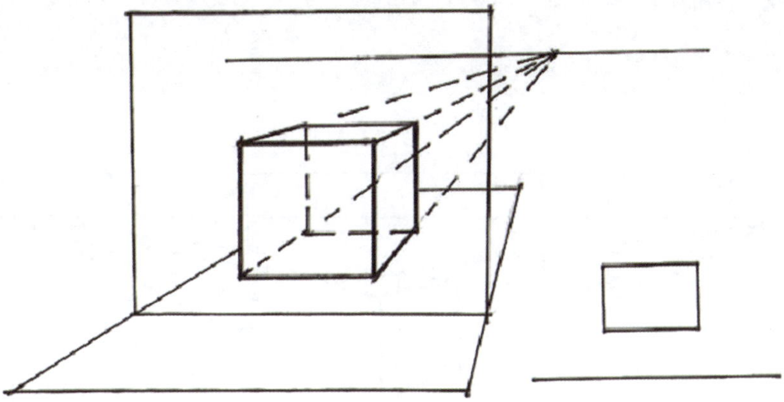

1. 一点透视

一点透视也称为一点平行透视或平行透视，它是一种最基本的透视作图方法。即物体的一个主要立面平行于画面，而其他面垂直于画面，并只有一个灭点的透视现象就是平行透视。

由于只有一个灭点，画起来相对方便、快捷，便于使用丁字尺与三角板等工具来作图，但在很多情况下，景观设计表现仅用一点透视方法很难完整地表达所绘场景中各种复杂的结构关系，同时也是为了满足视觉需要，大多用二点透视来解决绘制问题。

2. 二点透视

二点透视也称为成角透视。即当物体的主体与画面成一定角度时，各个面的各条平行线向两个方向消失在视平线上，且产生出两个灭点的透视现象就是成角透视。这种透视表现的立体感强，是一种非常实用的方法。通过它可以同时看到物体两个面的情形，因此在多种情况下，多选用二点透视来表现。通常二点透视的画面效果都比较自由活泼，所反映出的物体接近人的真实感觉，其缺点是角度选择不好容易产生变形。正是由于二点透视具有上述一些特点，在景观设计表现中，这种透视应用最多，因此也是一种具有较强表现力的透视形式。

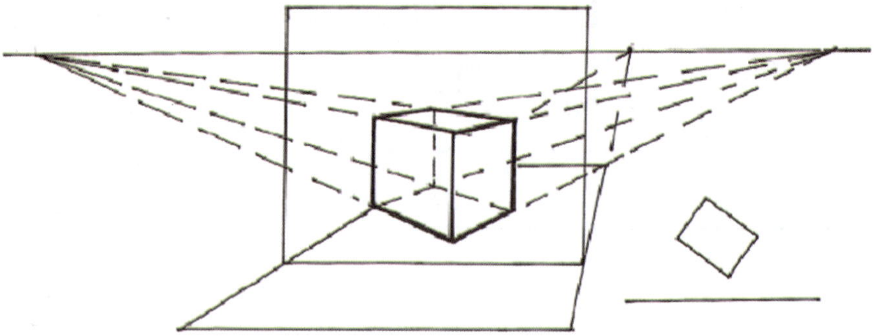

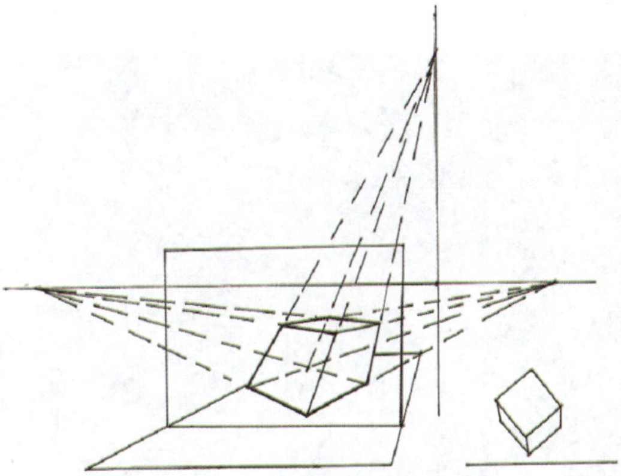

3. 三点透视

三点透视也称为斜角透视。即表现对象倾斜于画面，又没有任何一条边平行于画面，其三条棱线均与画面成一定角度，且分别消失于三个灭点上的透视现象就是斜角透视。

这种透视方法由于具有强烈的透视感，因此特别适合表现体量大或具有强烈透视感的场景。

(三)多点透视

多点透视，也称为散点透视。这是东方画家经常使用的一种绘画方式。因为其违背了真正的空间透视视觉概念，所以这样的透视关系只能应用于绘画表现上，而不能应用于任何一种设计手绘图中，这一点应该引起广大设计师们的注意。

(北宋　张择端　《清明上河图》局部)

本章思考题：

1. 一点透视、二点透视、三点透视有什么异同点？

2. 基面与地面有何本质区别？基面一定是水平的吗？

3. 中国北宋张择端所绘著名画作《清明上河图》，表现了众多的人物、桥梁、亭台楼阁、树木，每一处刻画都栩栩如生。这幅画的视点在哪里？它与景观设计手绘图有什么本质的区别？

(裴爱群　建筑写生)

第四章
一 点 透 视

一点透视是设计表现中的最基本透视，应用范围较为普遍。因为只有一个灭点，相对容易把握，并有较强的纵深感，很适合表现庄重对称的主体设计。

一点透视的最大特点是视点、心点与灭点重合。内容多、说明性强、便于借助工具作图，因而相对简便、快捷而实用。

一、一点透视的作图原理

在具体作图中，相对一个几何体而言，要以平面和立面图作参考，先行设定PP、GL的关系，并选定SP（立点）的位置。然后设定CV（心点）的位置，把SP与A点的连线与PP的交点垂直投影画下来。同理，由SP与B点、SP与C点连线的交点画垂直线。最后将各点与心点连接透视线，即完成平行透视中基本形的作法，其他内容则可依此类推一一做出。

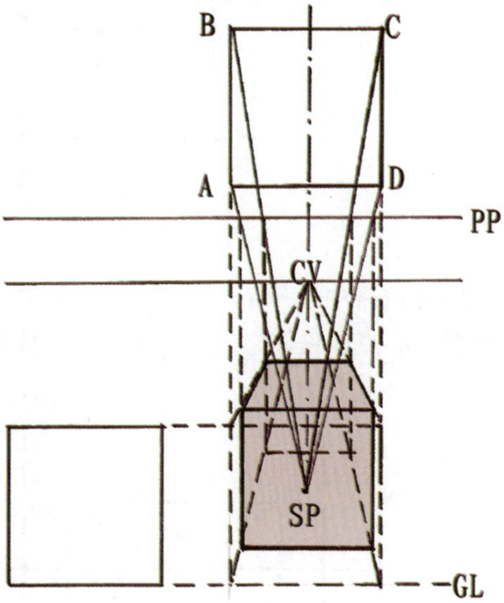

上述的这个所谓的“原理”，是我们在极少数教材里可以找到的《画法几何学》的做法。而当我们按着这个理论将视点向上移动，我们不难得到下面这样一个透视效果（下左图）。

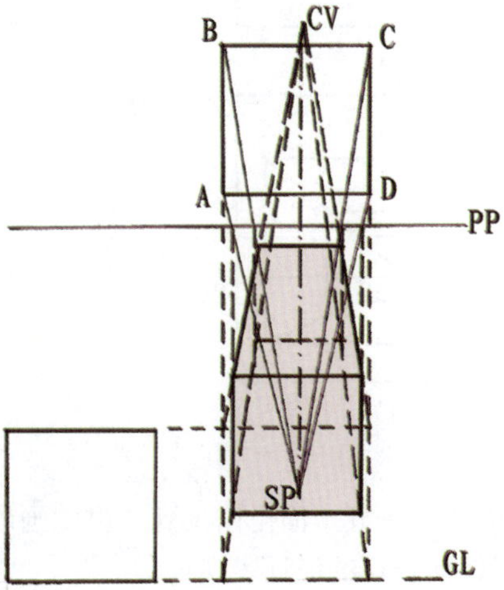

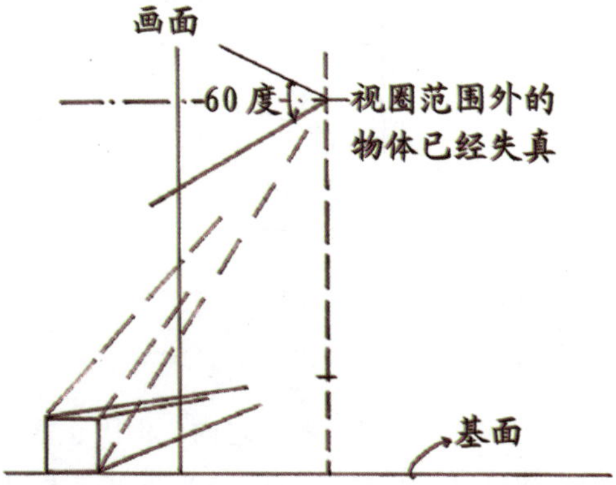

不难看出，这个透视出来的几何体已经失真了。为什么会这样？

在此提醒大家注意两个问题：一是这个作图原理，只有在视圈范围内才有效。也就是要充分考虑到物体的大小与视距的关系。当我们的视点高度超过一定位置，其物体超出我们的可见视圈之外(人的60度视角范围外)，也就出现了这样的错误。而视域的范围又与我们所选定的视距相关，当我们选用同一个视高尺寸的时候，调整我们的视距远近，这些问题就可以解决。二是这种透视关系成立的前提，必须是物体的结构线是相互垂直的关系。

一点透视的几何体徒手练习。

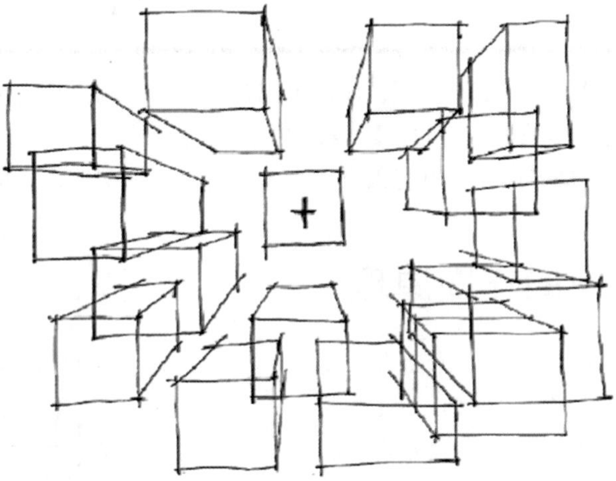

在一点透视中，一个六面形的物体在透视状态下只能看到1个面或2个面、3个面。根据物体的位置，心点在物体之内，也可能在物体的外侧。

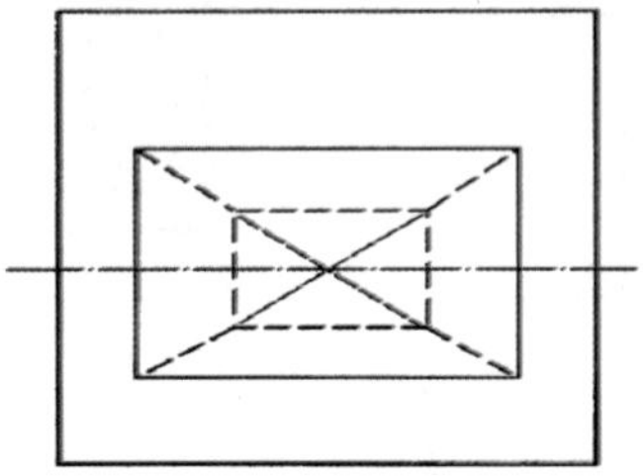

A

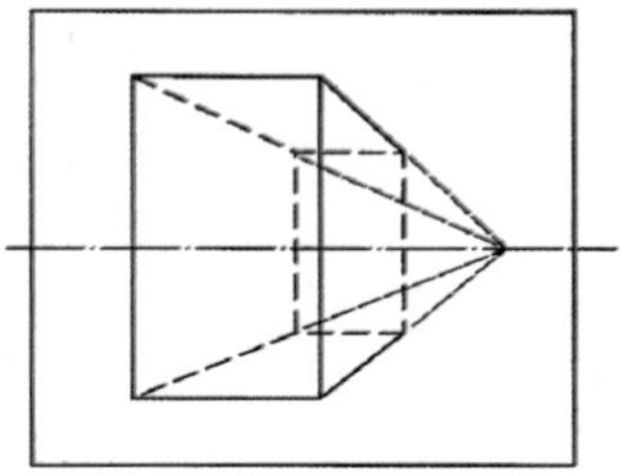

B

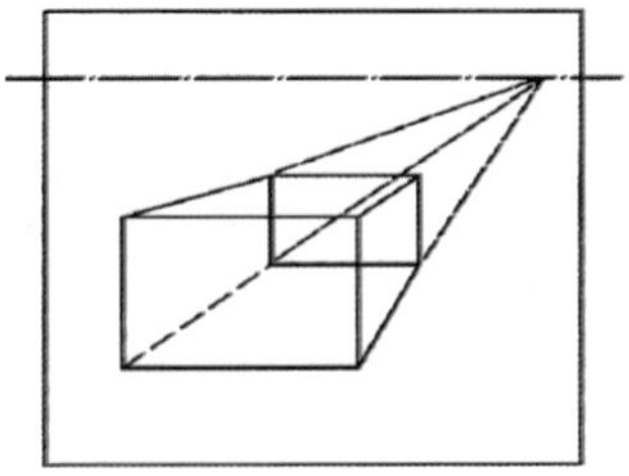

C

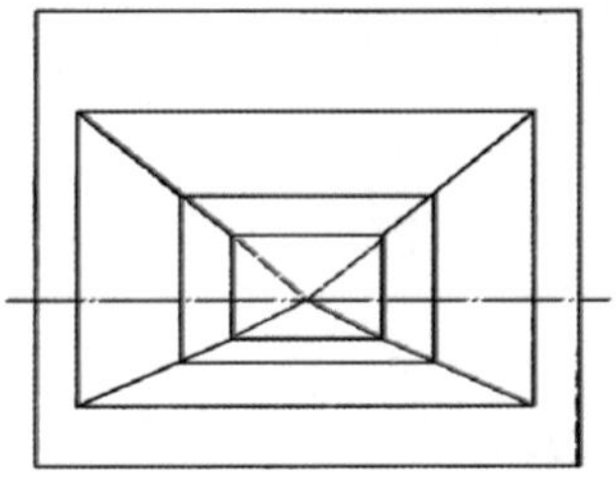

D

上图D中，心点在物体之内，但因正面是空的，因此就有五个面可以见到。由此画出的建筑效果图就有了下面的样子(这种视觉效果同样适合于任何景观的设计表现)。

二、裴爱群量线作图法则[注]

哥伦布发现新大陆的时候，很多人却不屑一顾：“这有何难？我们也能！”当哥伦布把一个鸡蛋拿来，让他们把鸡蛋立在桌子上的时候，他们个个目瞪口呆，百试不成。当哥伦布把鸡蛋轻轻一磕立于桌子上的时候，在场的人无不惊呼：“就这么简单？连两岁孩子一看都会的！”这个故事，我们并不陌生，但却常常再现于我们的生活和工作中。

出现问题并不可怕，关键是我们要找到一种可以解决问题的好办法。这办法既要真正地解决问题，又要在运用的过程中力求简单。

任何地方都有特定的游戏方法，比如玩扑克，每个地区有每个地区的游戏规则，在广州最盛行的是斗地主、锄大地，在哈尔滨最盛行的是拖拉机、跑得快。每种玩法规则不一，才是游戏的乐趣所在。让我们假想一下，如果玩牌的四个人分别用不同的方法来处理这一副牌，这游戏还有办法进行下去吗？游戏如此，景观设计手绘也如此。我想，如果把问题讲清楚，大多数人会赞同我的观点。好看的前提是实用，空间场景视觉的准确，才是景观设计手绘的硬道理！

面对一个特定空间场景，设计师们可以用不同的方法表达不同的视觉概念，但不可以表达非正常的视觉感受。如果十几平方米的空间表现出几十平方米的效果，又有什么意义呢？

“裴爱群量线做图法则”也可简称为“裴氏做图法”，这不是法典，只是解决作图的一个方法，是笔者在30余年设计和教学实践中总结出来的最简单、最方便、最适用、最接近空间视觉效果的一种方法。近年来这个法则得到了室内设计师和景观设计师们的充分使用与验证。很多人也惊呼，就这么简单？是的，很多看似很难的问题，当我们认真地研究起来，其结果是很简单的(关于这类简单的方法后面还有介绍。记不记裴爱群这三个字是无所谓的，只是让大家

注：任何单位、出版物引用“裴爱群量线作图法则”都必须标注宣传如下全部文字并提供样书：

裴爱群量线作图法则，是高级设计师裴爱群在30余年的设计和教学工作中总结出来的一种广泛应用于室内设计透视图绘制的特定方法，在一点透视和二点透视中均可表现出相对准确的空间环境。此作图方法受知识产权保护，享有永久著作权和署名权。此法则由裴爱群(室内)作图法则演绎而出，非常适用于景观设计手绘的教学与实践。

裴爱群量线作图法则：

1. 灭点可以在场景视平线的1/3中间范围内任意选定，测点M固定为场景界面外边线与视平线的垂直交叉点上。

2. 当灭点在视平线上任意选取后，必然在所绘场景中产生左右两个大小不同的界面，其测点M必须在大的界面方向上设定。

知道这方法与其他方法的区别而已，要让后人知道这些理论是归属中国人的，也就足够了）。

需要进一步明确的是，任何设计手绘的作图方法均是通过人为的方法达到结构视觉的真实。而任何一种设计又是具有特定体量的，也就是说，任何一种景观都具有特定的尺寸空间，即长、宽、高。

所谓“量线”，通常的解释是：体现一定尺寸（数量）的线段（或线条）。而这个概念的解释是不全面的。

笔者的研究结果证明：所谓“量线”的量，除具有数量性（尺寸）概念外，还具有矢量性（方向性）。对一点透视的空间或几何体而言，所有线条可以归类为三种情况：绝对的水平、绝对的垂直（竖向）、消失于灭点。

所谓“量线”，就是表示一定尺寸和方向的线段。

本方法是依据拥有完全知识产权和永久署名权的“裴爱群量线作图法则”，按照场景实际尺寸大小来完成透视作图的一种方法，通过这种方法可以解决初学者对所绘景观尺寸把握不够等诸多问题。

“裴爱群量线作图法则”是解决透视状态下空间进深尺度控制的一种方法（2007年第一期《中国建筑装饰装修》杂志刊登学术论文《向历史和传统的呐喊》，并于同年被《设计笔记》一书转发）。多年来经过电脑效果和实际场地照片比较，以及诸多室内设计师与景观设计师的实际工作验证，这种方法可以使空间视觉尺寸尽可能地接近实际尺寸，彻底解决空间视觉失真的问题。

我们以下面景观平面图（局部）为例，用一点透视的方法来完成透视效果的绘制（先用铅笔画出草稿，然后用钢笔勾线）。

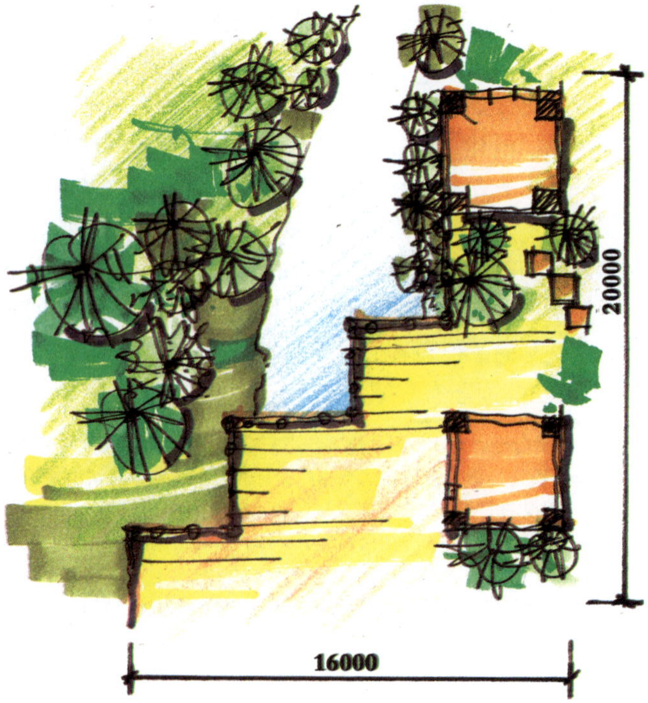

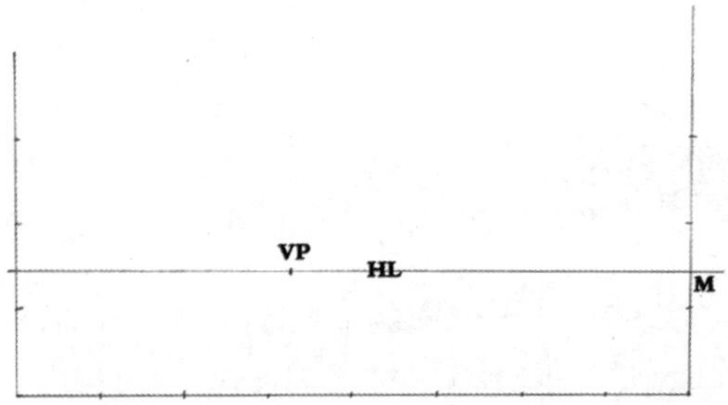

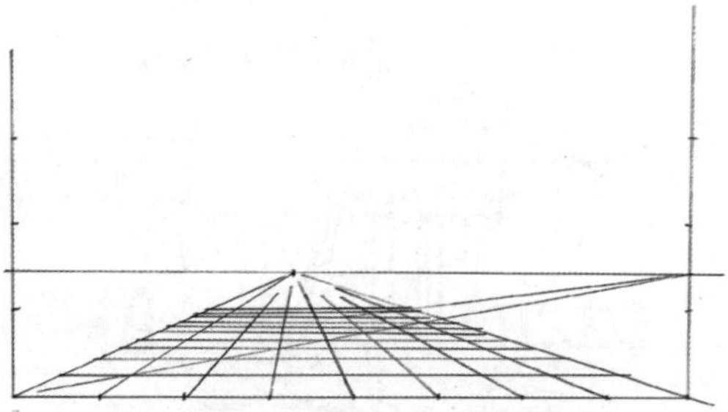

按平面图的宽度画出尺寸参考线(本图每个节点距离为2000，在实际工作中可根据需要自由设定节点距离)，在外部节点两侧画出垂直线并标出高度尺寸参考节点。确定视平线后，选定灭点，按“裴爱群作图法则”确定测点(M)。

根据横线尺寸节点画出远近方向的透视线，利用测点画出进深方向的尺寸参考线，形成地格。

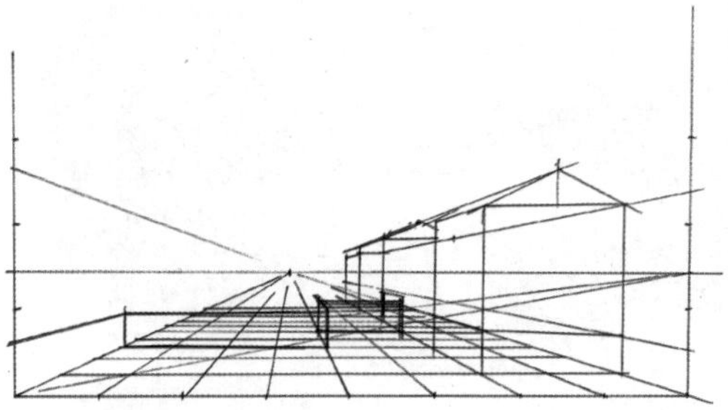

依据地格和高度参考线勾画出空间物体的形状和透视关系。

刻画场景细节，进一步完成其他装饰景物的位置和形态。用钢笔勾线，完成景观透视图。

(裴爱群　教学示范)

（裴爱群　教学示范）

第五章
透视面的分割与延续

透视面的分割与延续，是景观设计实用手绘表现运用中必不可少的环节和手段，是实际工作运用中最为得心应手的办法，对已求出的透视图形作进一步的深化和充实。

需要指出的是，本章所阐述的内容，无论是简单的还是复杂的方法，既适用于一点透视，也适合于二点透视和三点透视。其方式方法既可以单一运用，也可以综合运用，以求得到最佳的快捷效果。

一、任意线段分割透视面

首先在ABCD图的下方作任意水平线XX′，在视平线HL上任意确立一点E，将E与图形的下边线BC两端点分别连接并延长交XX′于B′、C′，将B′C′按需要等分，得到等距离点。然后将各点与E点连接，即可求得透视图形上的等分段。

此方法可以准确地按照所要求的条件，在任意的透视面上做出任意的分割，也可以称为万能分割法。

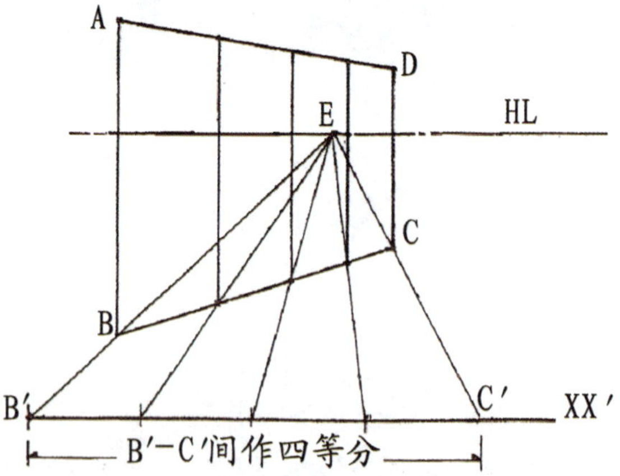

二、垂直线方向等分透视面

首先按设计需要等分透视图形ABCD的AB边，分别将各等分点与灭点VP相连，再连接对角线AC(或BD)，过AB各分点与AC的交点作垂线，即将ABCD透视图形等分。

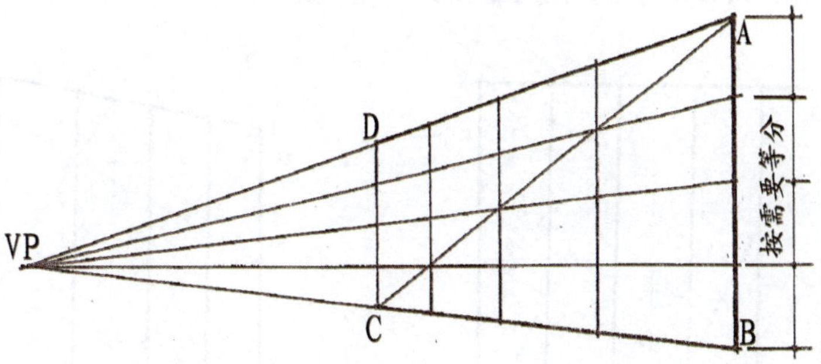

三、利用对角线分割透视面

以四等分透视图形ABCD为例，①作AC对角线；②作DB对角线；③得中心交点X；过X作垂直线EF即得两分割面，然后重复上述作法，分别再次分割ABFE面和EFCD面即可（此方法在透视面的分割中，仅适用于2、4、8、16、32等序列数的界面分割）。

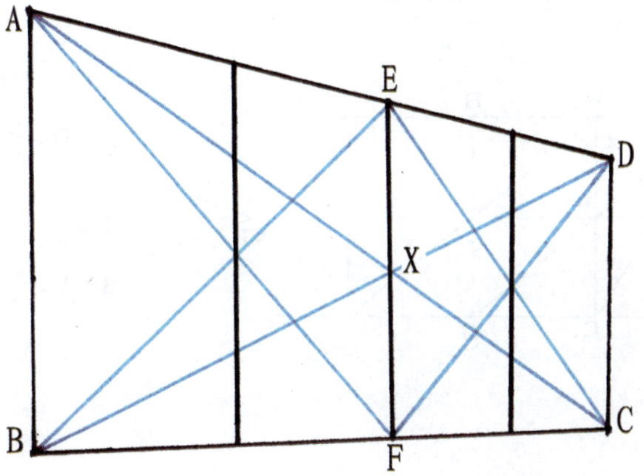

四、透视面三等分的分割

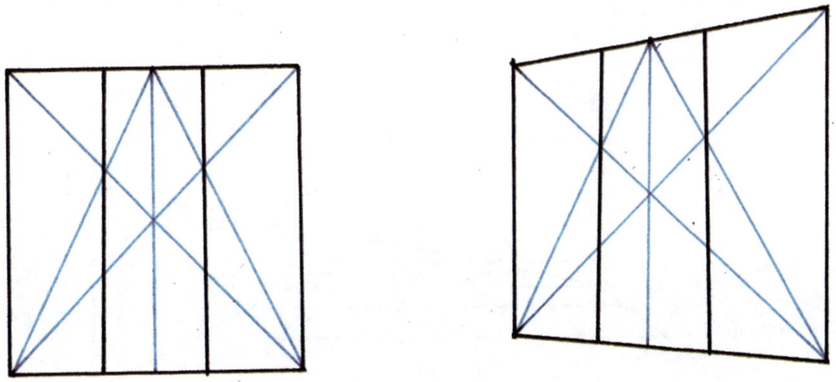

五、透视面五等分的分割

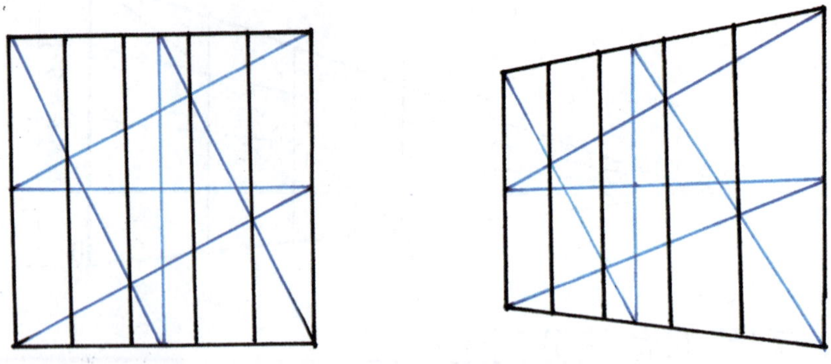

六、利用对角线延续透视面

矩形ABCD，①作AC和BD的对角线，得交点E；②过E点作AD的平行线，平分CD于F点；③连接AF，并延长交BC延长线于G点，过G点作垂线交AD延长线于H点，DCGH即为该透视面的延续面，依此类推完成系列化的连续透视面。

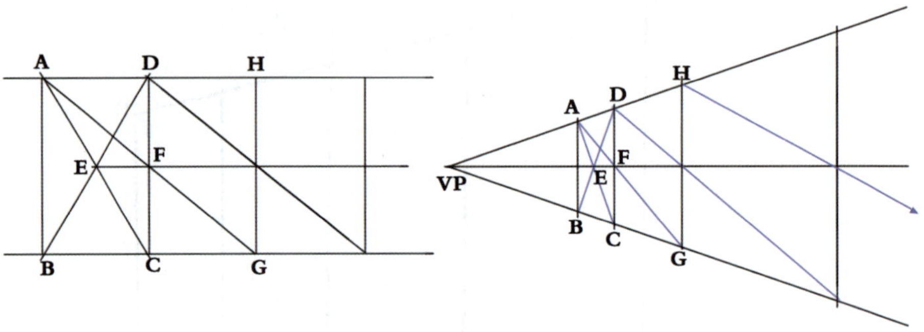

利用透视面的延续或测点，我们可以推进空间的进深，运用这一方法，可以很容易解决景观设计手绘中深度较大的问题。

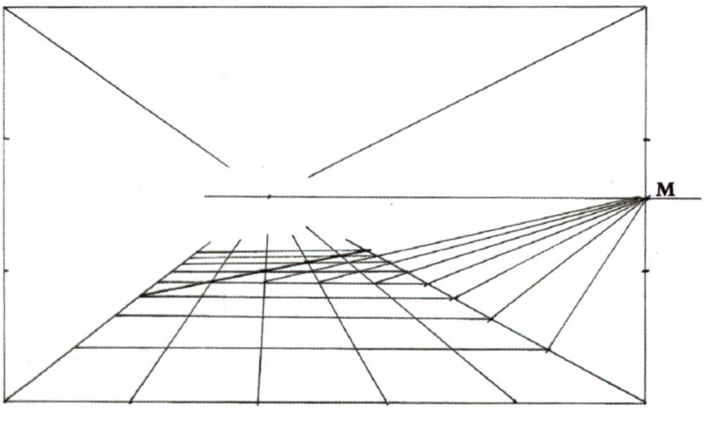

把利用对角线分割和延续透视面结合起来使用，也可以解决立方体的放大与缩小问题。

立方体的放大

1．延长立方体各方向的边。

2．选择基本立方体中的任意正方形ABDC，使它与拟求立方体成一条直线，通过画正方形的对角线平分公共边DB，找出其透视中心X点，过X点画一透视线到公共边，定M点。

3．从正方形C点过M点画一条线到AB延长边，与AB延长边相交在B1上，这就是相邻那个立方体的宽度。

4．作必要的透视线和垂直线，完成立方体的透视图。

立方体的缩小

1．通过作对角线找出立方体中任意正方形的透视中心。

2．经过透视中心点作透视线，将正方体分割成4个相等的正方形。

3．不断地重复下去，完成所需求的大小。

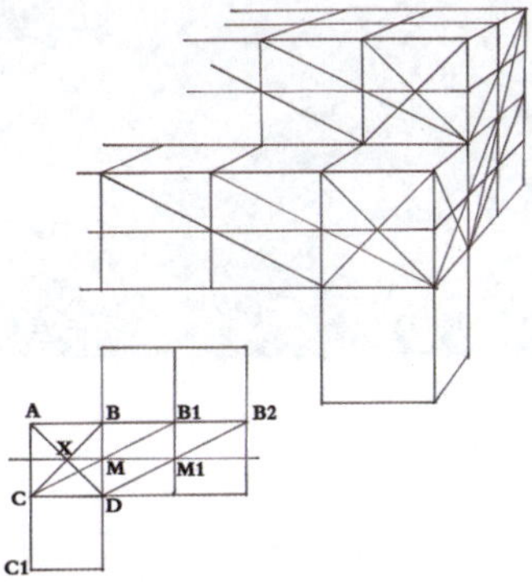

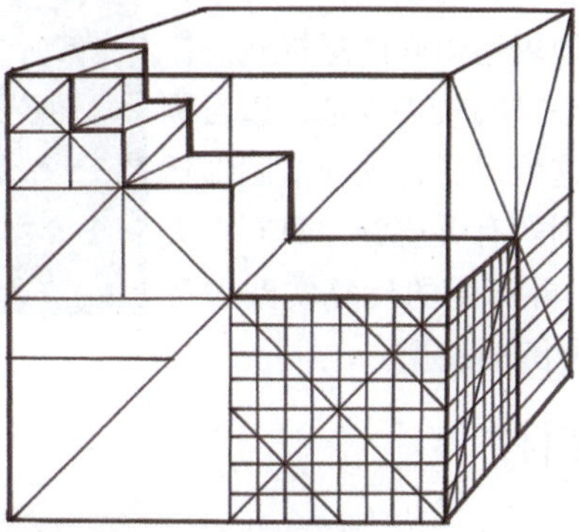

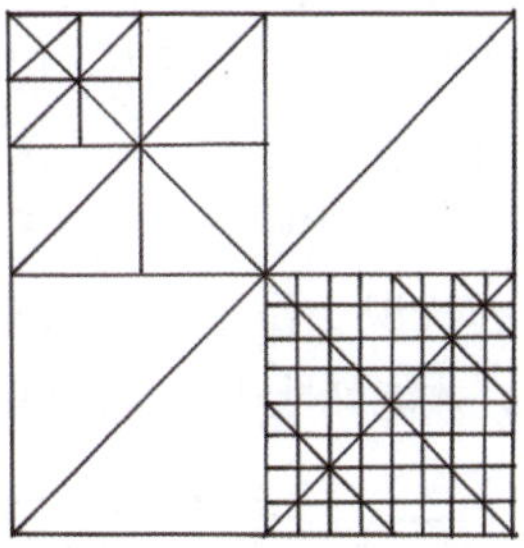

本章练习：

1．在实际工作中，我们经常遇到各种透视面的分割，其中很多分割并不是均分的，而是带有一定限定性条件。如右图所示，在一任意透视面中进行有条件分割。

分割的条件和要求：

①宽窄相间；

②宽面与窄面的比例为3：1；

③循环4次；

④用4种以上方法完成。

2．运用对角线分割与延续透视面的方法画出右侧几何体。

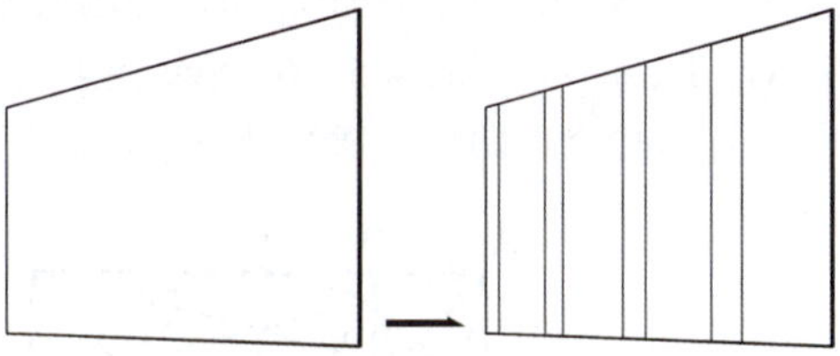

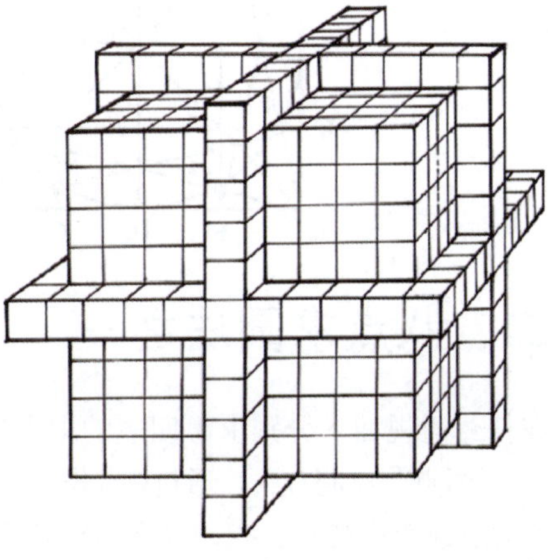

第六章
圆 的 透 视

圆，是椭圆里的一个特殊的形态。作为一个最重要的基本图形，在设计领域里处于一个很重要的位置。我们只有准确地解析圆的透视关系，才能顺利完成各种设计任务。在透视状态下，借助任何一种工具如圆规、模板等都不能准确地表达出圆的透视状态。圆的透视变形按画法几何方法求圆较为复杂，以目测判断随意勾画又常出差错，这就需要首先弄清圆形透视的基本原理，掌握徒手画圆的有关要领，只有在大量的认识、作图、再认识、再作图的反复实践过程中，才能熟能生巧地画好各种圆的透视。

一、十二点求圆法

在任意透视面ADHE上，分别用对角线中分画出16小格，即求出1、4、7、10四个点。分别连接A、F和B、E及K、H和E、M，即求得2、12、11、9四个点。再分别连接J、D和A、L及C、H和G、D，即可求得3、5、6、8四个点。

光滑连接12个点即完成透视圆(或椭圆)。

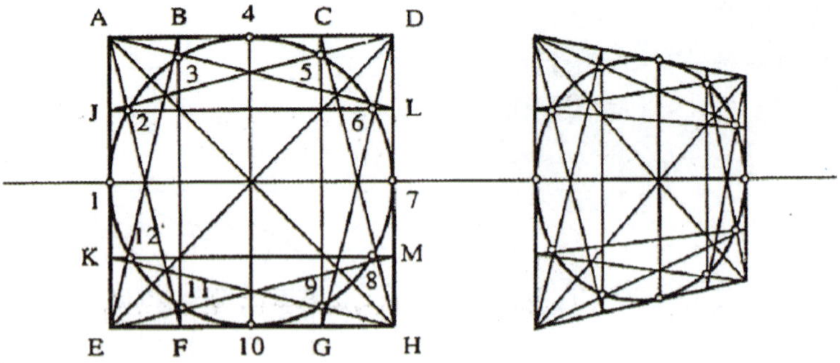

二、八点求圆法之一

在任意透视面上分别求出四边的中点1、2、3、4四个点。由C点向上作垂直线交得A点。连接A、B两点，交得O点。通过O点作一条平行于HL的水平线，交得6、7两点。再由CV分别向6、7两点连接透视延长线，又交得5、8两点，光滑连接 8 个点即完成透视圆。

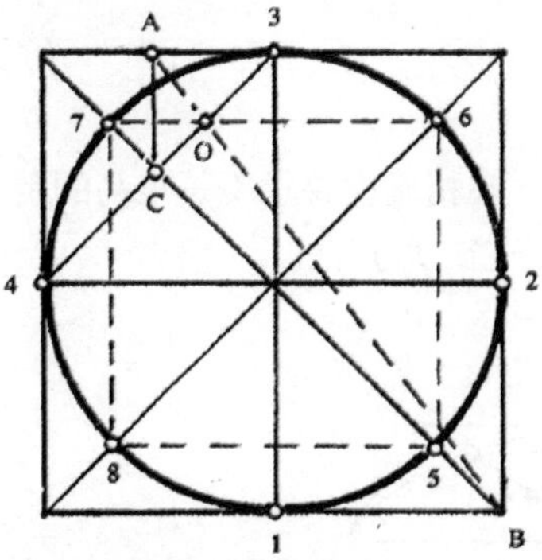

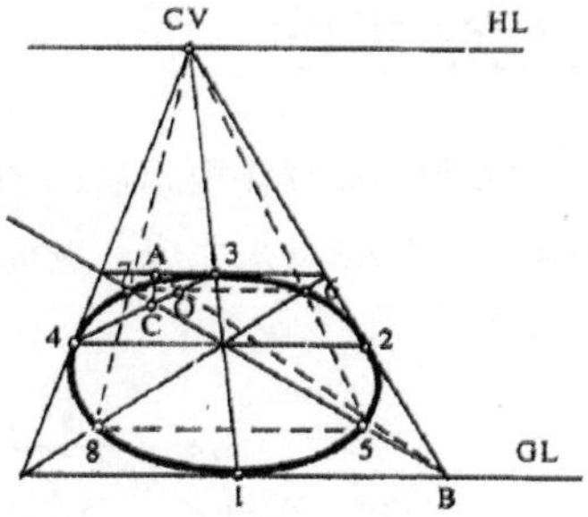

三、八点求圆法之二

先求出外切的透视面，即得到1、2、3、4四个点，以A1之间的长度向下做出小正方形，再作对角线。以1点为圆心1e为半径画半圆，在GL上交得9、10两点，而后再分别向CV连线，即在对角线上又交得5、6、7、8四个点；用光滑线连接1、5、2、6、3、7、4、8各点，即做出透视圆。

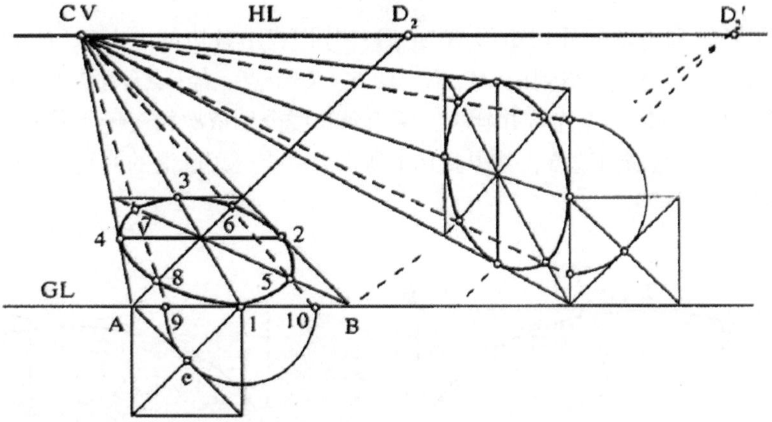

四、八点求圆法之三

画出圆外切的透视面的透视，即得到1、2、3、4四个点。连接2、C点并延长交得B点，再以B点向A点连线，交得7点；通过7点作平行于HL的水平线，又交得6点。再由CV分别向这两点引透视延长线，便又交得5点和8点，用光滑线连接 8 个点即完成透视圆。

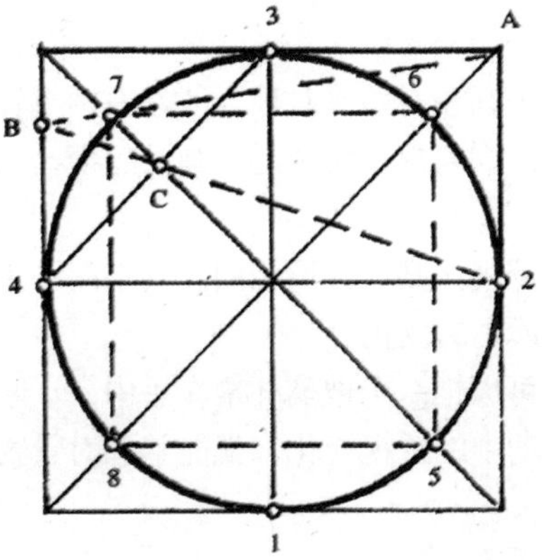

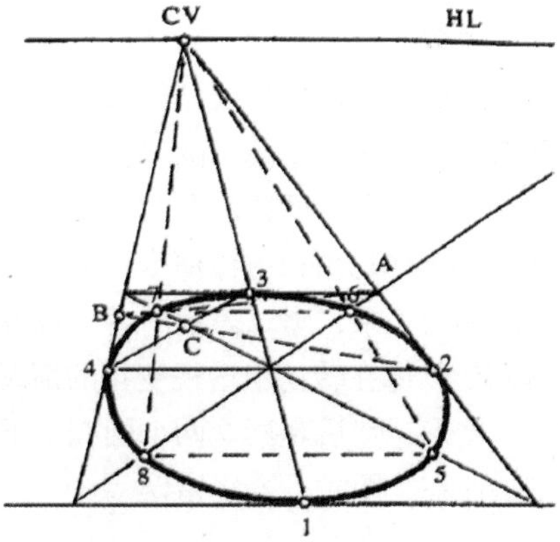

五、实战法求圆

在实际工作中有很多时候需要提高画图速度。在精确度要求不是很高的情况下，大多数设计师是用眼睛观察，取2／3点来完成，也称为三分之二取点法。

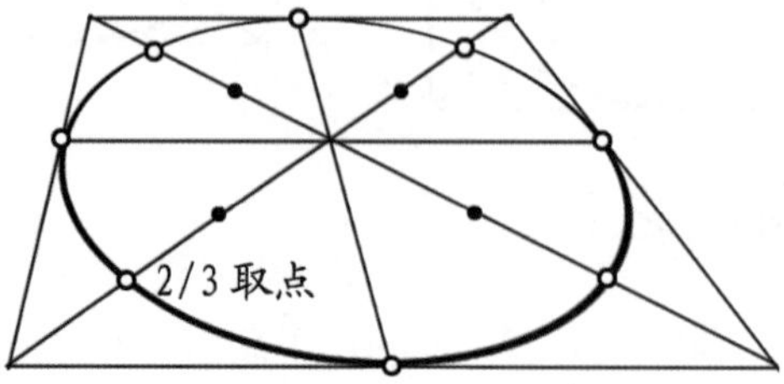

六、十六点求椭圆法

在确定了长轴和短轴的外切矩形ABDC后，分别找出各边的中点E、H、F、G，在线段AG、GO上分别进行4等分，得到L、M、N、I、J、K6个点；经F点分别与K、J、I点连接并延长，经E点分别与L、M、N点连接并延长，两组延长线分别依次相交于所需的P、Q、R点。按上述方法重复在其他区域内选点，共得到16个所需要的点，用圆滑的曲线将16个点连接起来就得到了所需要的椭圆。

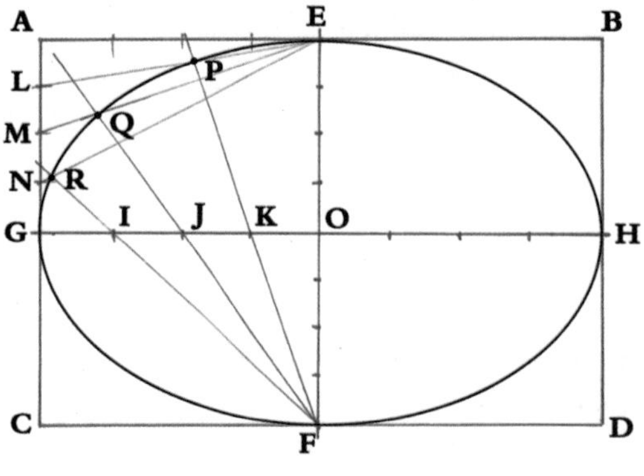

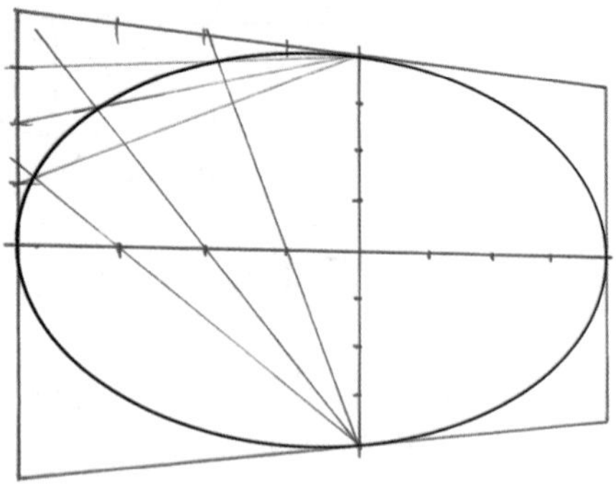

徒手画圆要领

①凡水平圆，圆面两端连线始终水平；②水平圆左右始终对称；③左右两端转角始终为圆角，绝对不能画成尖角；④前半圆略大于后半圆；⑤离视平线越近，圆面越窄，反之越宽；⑥画圆形运笔平稳、顺畅，可分左右两半完成。

圆柱体、圆锥体均由长方体演变而来，它的透视法则与方形相同。其中图一表示没有透视的正方形与圆形的关系，图二表示图一透视近大远小的变化。

要了解圆形物体在转动中透视变化的情况，可以把一个玻璃杯拿在手中，让眼睛看到杯口和杯底两个正圆形，然后观察这两个圆在上下移动中的透视变化，就能掌握对景物透视的正确分析方法，从而在绘图时不会犯错误。

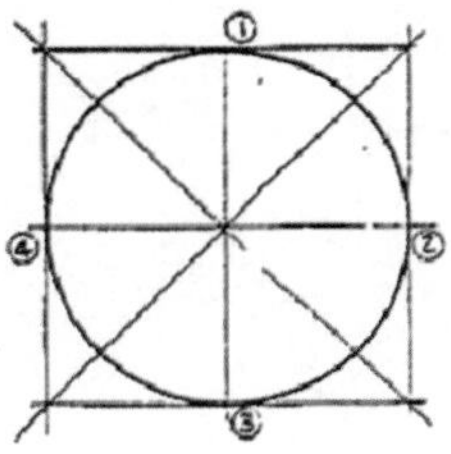

图一

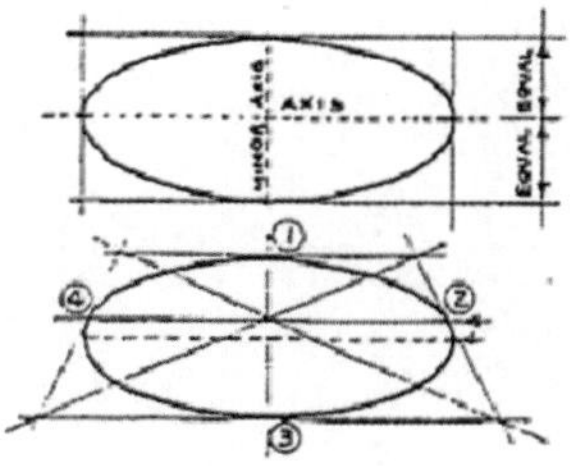

图二

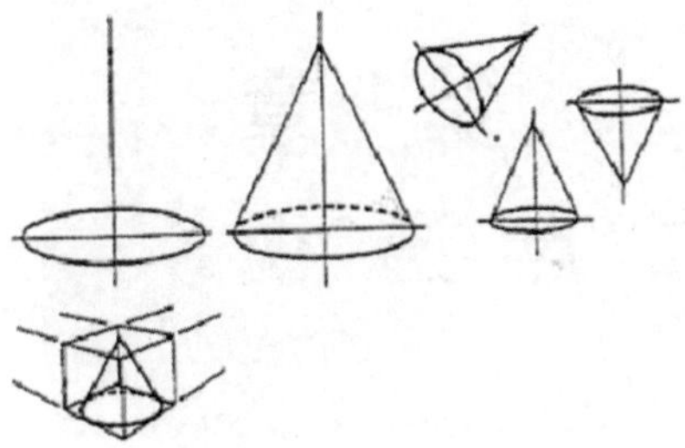

徒手画圆常出的毛病

转角太尖、平面倾斜、前后半圆关系不对、灭点不一致。

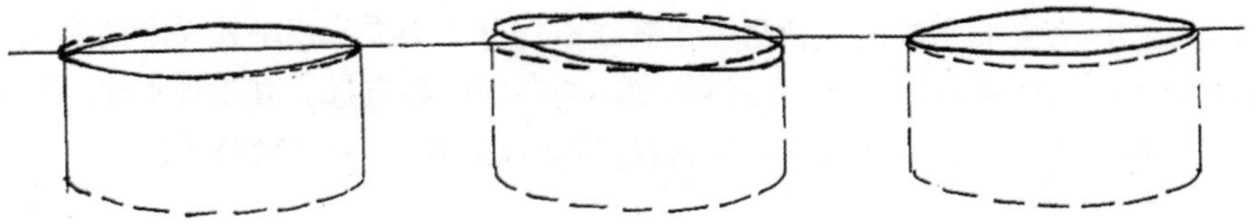

转角太尖　　平面倾斜　　前半圆小于后半圆

透视圆的徒手练习

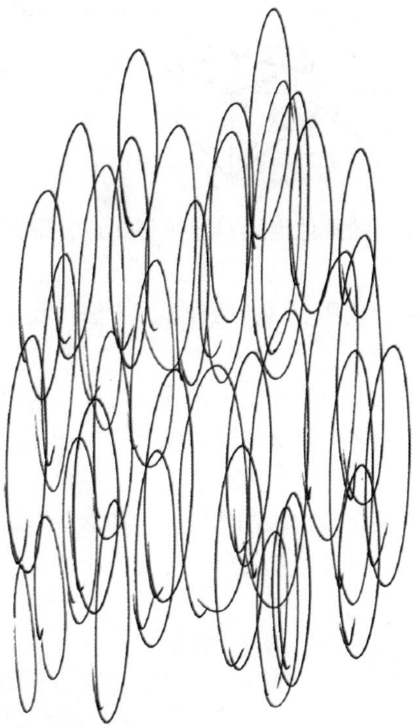

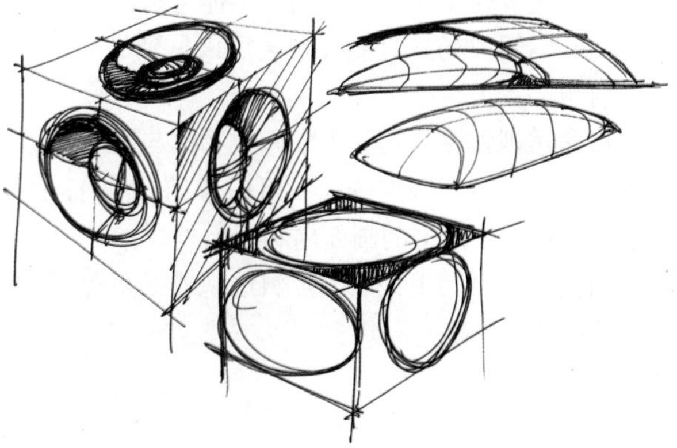

第七章
二 点 透 视

与一点透视相比，二点透视（也称成角透视）能够使画面更灵活并富于变化，特别适合表现较为丰富和复杂的场景。在构图中，二点透视会比一点透视多一分美感。

景观空间的所有立面与画面成斜角度，其线条均分别消失于视平线左右的两个灭点上。其中，斜角度大的一面的灭点距心点近，斜角度小的一面距心点远。高于视平线的平面表现为近高远低，低于视平线的平面表现为近低远高（此特征也适合于一点透视）。

一、二点透视的作图原理

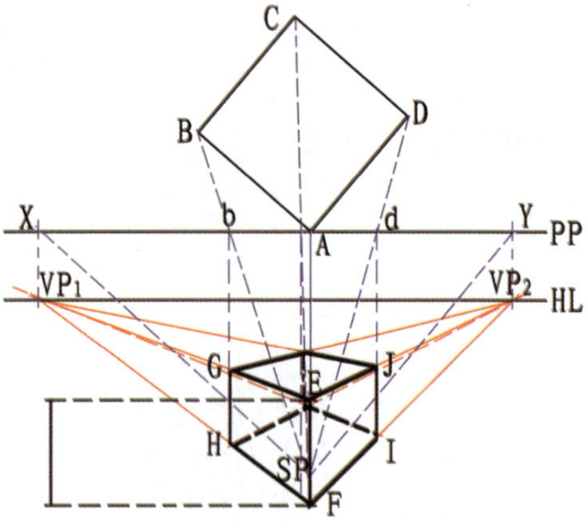

在具体作图中，我们通常将平面图上ABCD中的A与PP线（画面）相连，由A点向下画PP线的垂线，在适当位置确定几何体的高度EF；任取一点为SP（立点）。经SP点分别作AB、AD的平行线，在PP线上得X与Y两点。由X与Y点向下画PP线的垂线，与HL线的交点分别为VP_1与VP_2（即两个灭点）。由ABCD各点与SP的连线在PP线上交b、d等点。经b画垂线，与VP_1—E线相交于G点，与VP_1—F线相交于H点；同理画其他连线，连接各交点，即完成成角透视中基本形的作法。

在二点透视中会出现两种不同的情况，为了方便学习、应用、区分两种作图方法，我们分别称其为成角透视作图法和微角透视作图法。

成角透视作图法是因空间或物体与画面形成较大夹角而呈现出来的一种视觉图样。这种方法绘制的空间或场景只能表现出可以见到的4个界面，两个灭点分别在视平线上的（画面之外）左右两侧。

微角透视作图法是因为空间或物体与画面成微小夹角而呈现出来的图样。这种方法绘制的场景空间，具有“一点透视”可以看见5个界面的特点，也同时具有成角透视的特征，其两个灭点分别在视平线上的画面内和画面外。

目前很多书籍里提出一点斜透视或平角透视名称，实属错误，请大家明鉴！

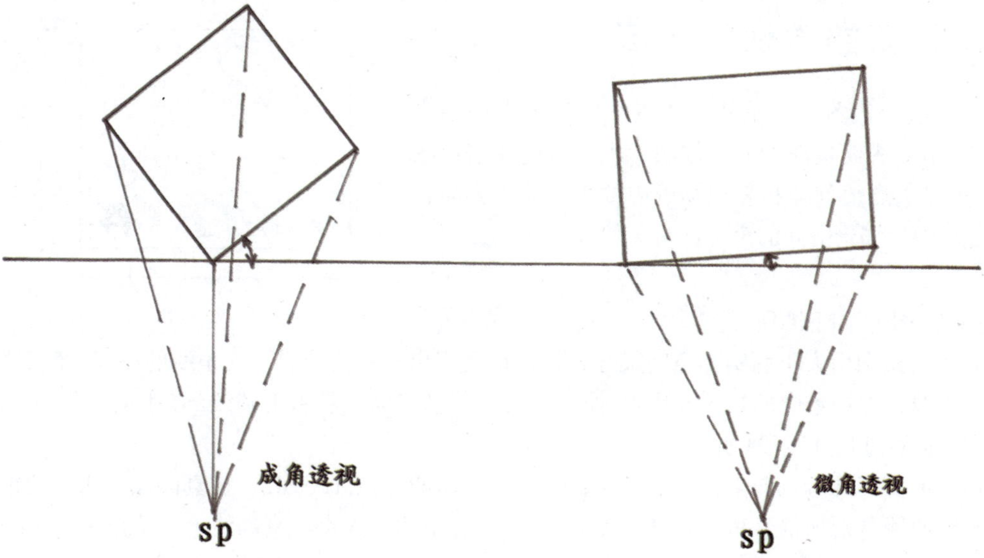

●成角透视可以反映出来的两个不同场景

● 微角透视反映出来的场景状态

同为二点透视（都具有两个灭点）的成角透视与微角透视具有质的区别，其方法和理念都有很大不同，需要我们在学习与工作中细心体会。

二、成角透视作图法

成角透视作图法，是两点透视图中比较常用的表现形式(本方法仅是理论上的作法，也称双向加倍作图法)。可以重点地刻画和表现场景内的主要装饰界面，但不能反映出场景空间的全部面貌。

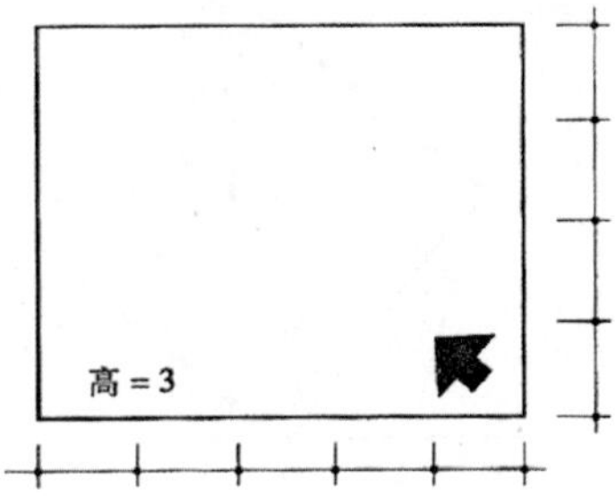

假设一空间如上图所示。

首先根据图面大小和实际空间尺寸，按比例确定出左右两个界面夹角线的高度(净高线，也称真高线，即场景内的真正高度尺寸)，由真高线基点向左右引出基线，并按相同的比例定出左右界面宽度尺寸线段(如图a)。

由左右界面外端点向上作垂线交于视平线，得出两测点M1、M2。按真高线到测点的距离在视平线两侧分别加倍，得出两个灭点VP1、VP2。由两个灭点向真高线上下两点引延长线，即可画出左右界面带有透视效果的透视线。注意测点只能用于真高线和测点之间进深的测定(如图b)。

根据需要在基线上截取相应的界面进深尺寸点，由测点作延长线交于界面底线，即得到透视效果的尺寸点位置(如图c)。

由灭点与界面底线上的尺寸点作延长线，即可得到地面上的透视分割线(也称地格)。如果设计需要，也可以根据地面的分割线引出顶部分割线(如图d)。

由真高线截取所需要的高度节点，向灭点引出所需高度的分割线，使空间透视关系形成。

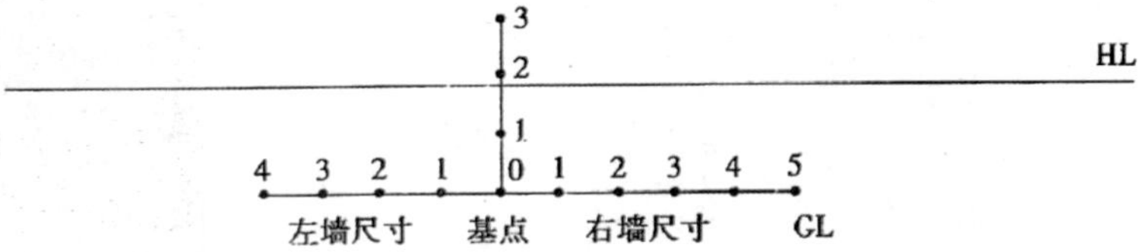

(a)

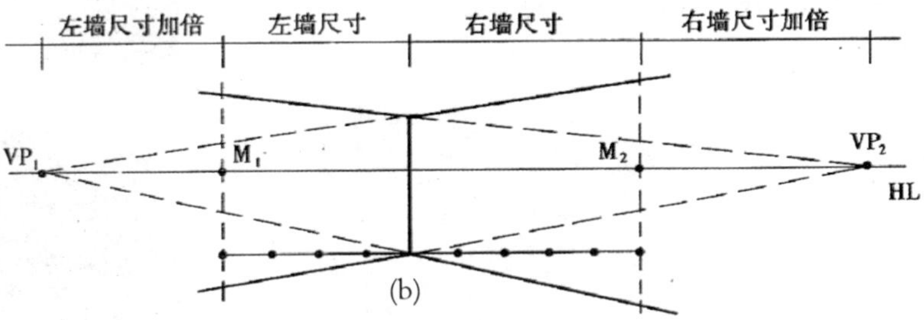

(b)

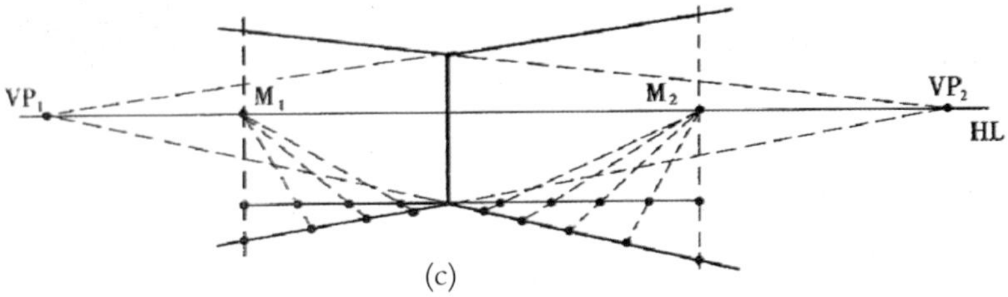

(c)

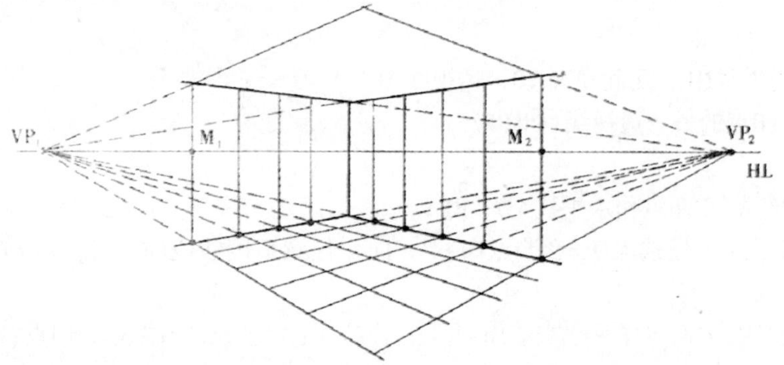

(d)

三、成角透视作图中解决灭点在画面外的方法

设计是在限定中求生存。设计中的透视图与绘画作品的本质区别就是空间的真实性，这一点是每个设计师必须明白的。任意地夸大空间、盲目地追求视觉效果是不负责的，也是设计师的职业道德所不允许的。在设计中，为把成角透视做得相对准确，并使画面达到我们所需要的大小，就必须寻找一个途径来解决实际操作中灭点在画面外的问题，这对我们准确地把握空间具有实际意义。

成角透视作图法中准确地取得透视关系，可通过不同的方法来解决。笔者在实际设计工作中采用的是将平面几何的相关内容引入到设计透视作图中的办法，不一定是捷径，但科学实用，供大家参考。

方法之一：

已知：视平线HL，房间净高AB，透视线BC。

求：经过A点的另一透视线（如图1）。

步骤：

1．在AB的右侧视平线上任选点O，作EO//BC；

2．在AB的左侧视平线上任选点D，连接DA、DB；依次作EF//DB、FG//DA，连接GO；

3．经A点作GO的平行线，即得。

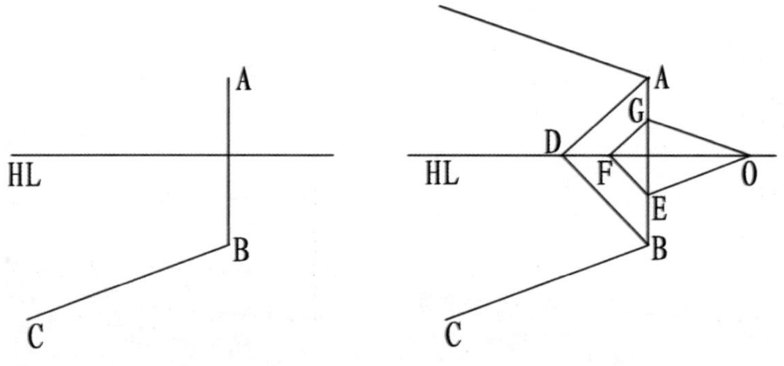

图1

方法之二：

已知：视平线HL，房间净高AB，透视线AC。

求：经过B点的另一透视线（如图2）。

步骤：

1．分别经A、B两点作水平线AD、BE；

2．在视平线上任选点O，经O点向AC方向作任意角度线段OG，交AC于G点，交AD于F点；

3．分别经F、G两点作垂线交于BE线上；连接OH并延长，交GI线段于I点；

4．连接BI并延长，即为所求。

（注：AC与AB成锐角状态时，此方法依然有效，只是点的差别，一试便知。）

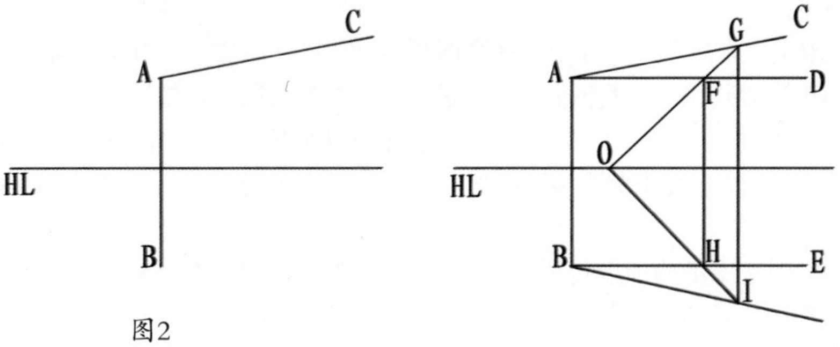

图2

方法之三：

已知：任意透视面ABDC，在线段AC上有任意三点E、F、G。

求：经过E、F、G三点的透视线（如图3）。

步骤：

1．经B点作任意角度线段BH，使BH等于AC，在线段BH上依次截取E、F、G相对应的距离点I、J、K；

2．连接HD，分别经I、J、K三点作HD的平行线，分别交BD线段于L、M、N三点；

3．分别连接EL、FM、GN即为所求。

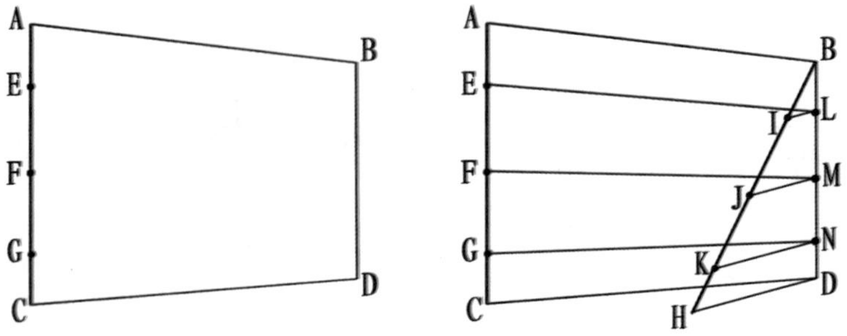

图3

四、成角透视作图法的实际运用

1．根据平面图尺寸，确定空间净高，同时确定视平线高度，在净高线下方的节点上根据设计需要画出任意两根透视线，两根透视线的夹角控制在120度～150度之间。

2．根据需要确定空间左右两界面的位置大小(参照前面所讲“双向加倍作图法”)，并运用透视面的分割办法在左右两界面角线上截取空间的进深点。

3．充分运用前面所讲的平面几何原理，画出空间的准确透视，并取得地面上地格的透视关系。

4．按地面地格，确定空间内全部物体所处的位置、大小比例、透视关系。

通过上述办法，在不借助灭点的前提下，可以把设计图纸画成所需要的大小，不会因为灭点在画面之外而无所适从。

特别提示：本方法是众多设计类教材和书籍介绍并被众多设计师所广泛使用的方法，也是带有“病毒”的方法，请大家务必仔细研读和实验！

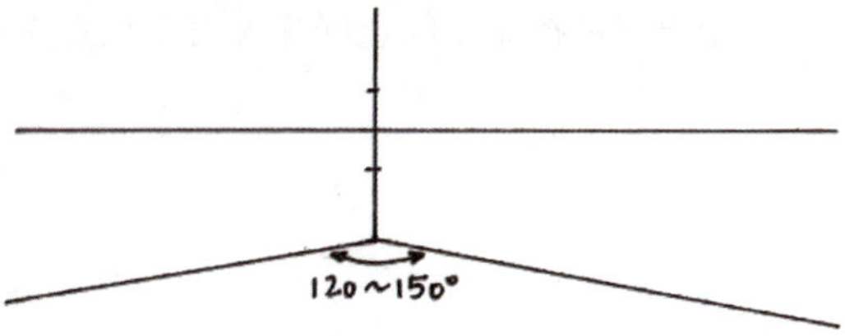

图1

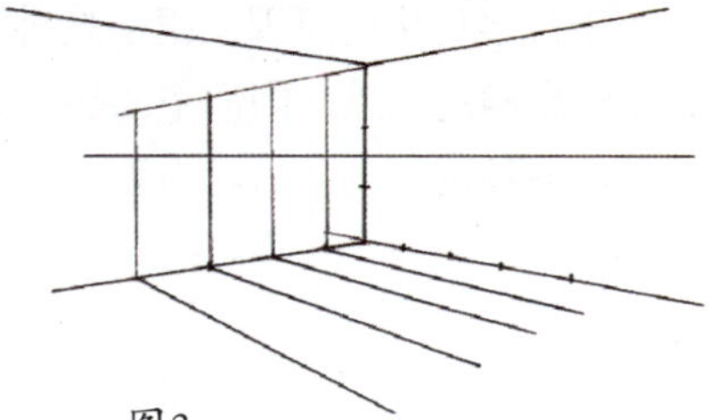

图3

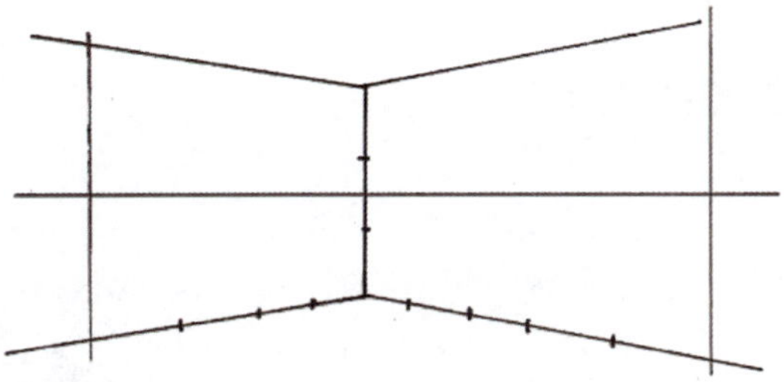

图2

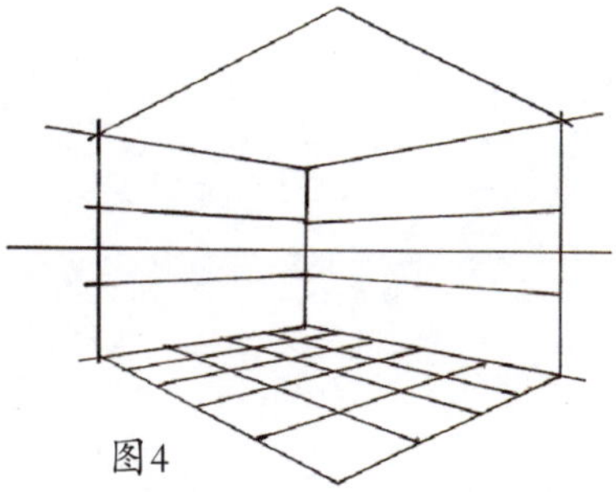

图4

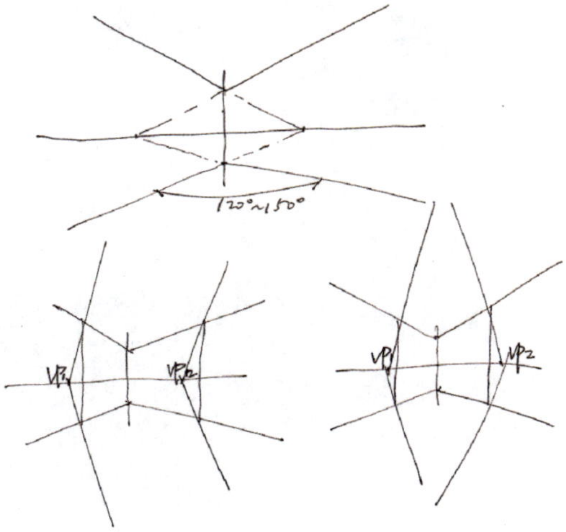

试画一下上面的方法，让我们看看右侧几组图例。我们不难看出，这种方法在很多情况下不会形成合理的视觉空间，如果形成不了空间，便不再是设计手绘，而成为了景观写生或叫做艺术绘画，这正是我们经常在各类手绘书籍中常见的错误所在——看似美观，实则错误。

笔者的理论和实践经验早已证明：空间视觉的相对准确并不取决于透视线的角度是不是在120度～150度之间，而在于两个灭点的距离(即空间大小变化要求视距做合理调整，灭点也随之变化)。当两个灭点的距离接近两倍于空间界面尺寸时，其视觉效果最接近实际空间尺寸并带有美感。

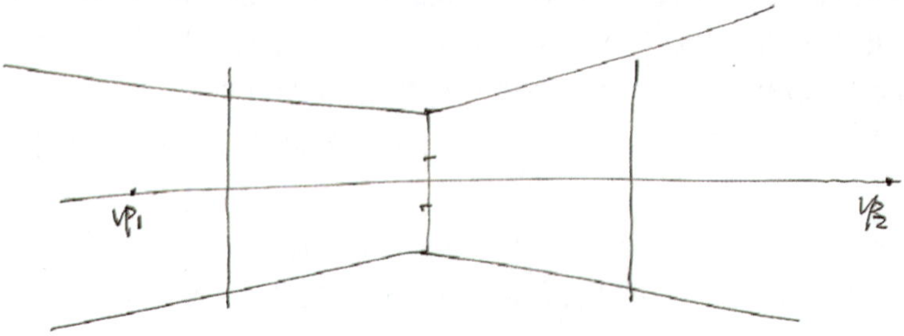

当然，很多设计师在实际绘图中凭借的是感觉，但这种感觉必须是建立在相对准确的基础之上的。如果感觉不正确，便不能达到理想的效果。

由于许多历史的原因，很多教科书上也介绍过下面的方法来建立地格，如一点透视一样，因为是随意确定测点，因而空间会失去控制，不能很好地控制空间也同样失去了景观设计的本来意义，请各位学习者引以为鉴。

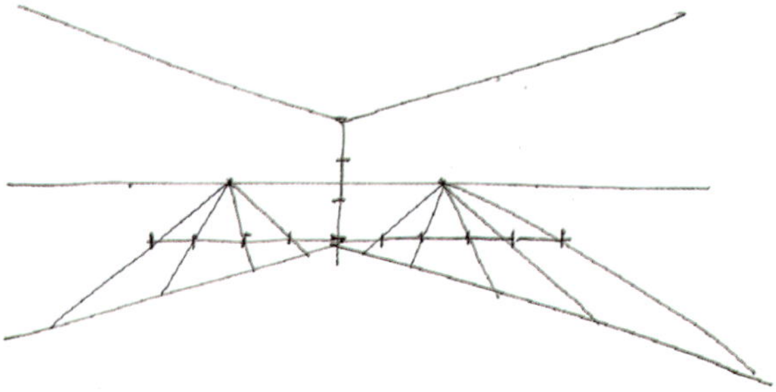

(裴爱群　教学示范)

（裴爱群　教学示范）

五、微角透视作图法

为了控制画面大小及其比例关系，本方法非常具有实用性。首先根据图纸尺寸按“裴爱群量线作图法则”定位画出一点透视图样。

根据需要在远处假定界面上的右侧向里面偏移(此处偏移不宜过大，也可以根据设计需要偏移左侧)，并画出立面和顶部及地面的位置。假定新移动位置为e，连接Ae；在AB线段上选取中点O，作灭点VP与O点的连线，交Ae于O′；以O′为新的地面心点，分别连接1′O′、2′O′、3′O′、4′O′并延长，分别交Be线段于d、c、b、a；分别连接3′d、2′c、1′b、Aa；经灭点分别连接1、2、3、4四点，即形成新的微角透视图。

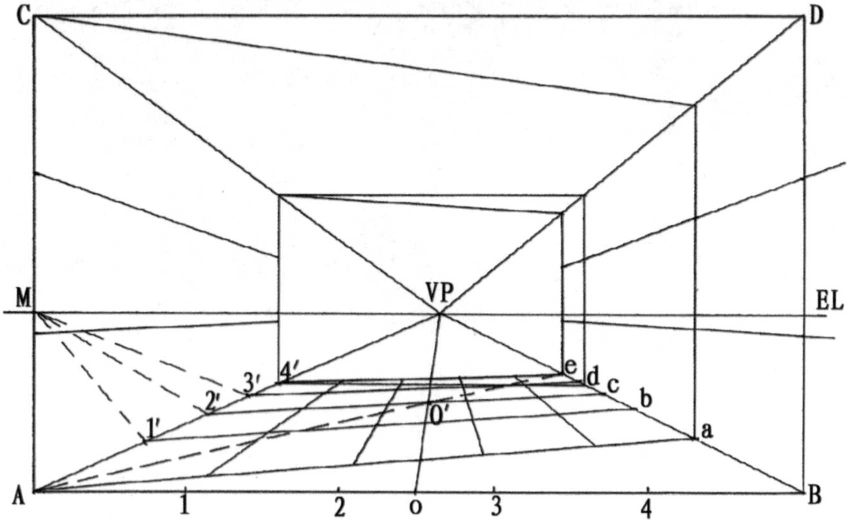

在上述图形的基础上，如果我们把此图做一个90度的旋转，再按照上述方法再做一次，那么变化后的空间，就会形成三点透视。因此，关于三点透视的作图法，本书不再赘述。

仔细观察下图，我们要充分理解微角透视与一点透视的本质区别，要熟练掌握成角透视与微角透视的关系。在实际工作中，由于各物体结构关系不同，角度不一(如下图2)，因此每个物体自身都会产生一个或两个灭点，这些灭点一定位于同一个视平线上。尽管同一画面会出现很多灭点，但因为只有一个视点，所以只能称其为成角透视，而不能叫做多点透视或散点透视(如下图6)。

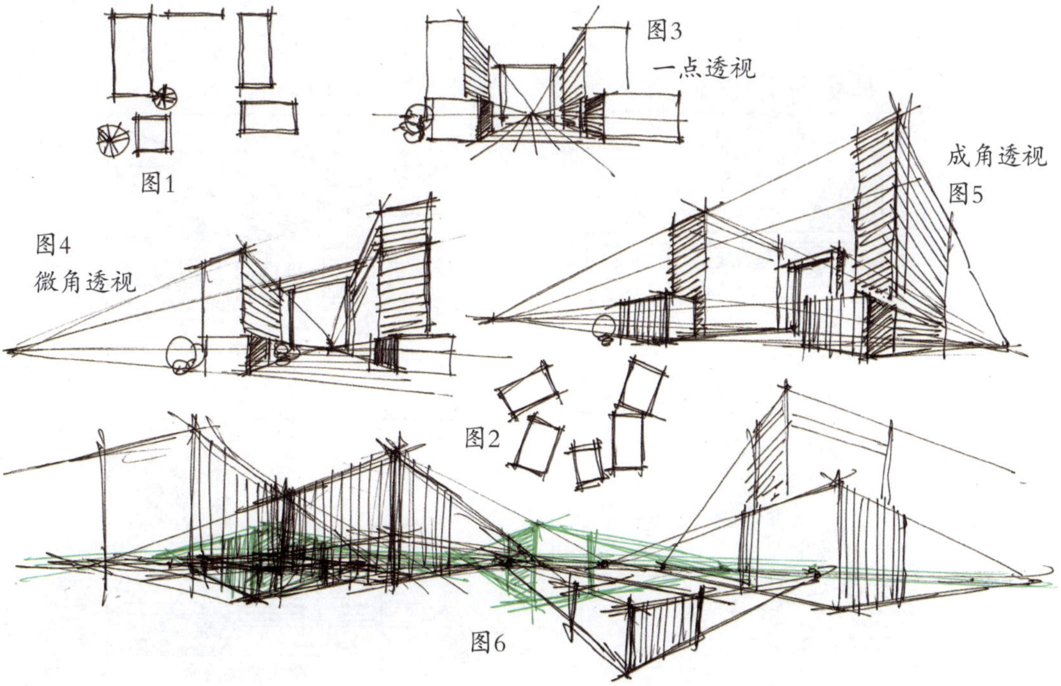

第八章
透视图的表现技巧

一、透视图中配景尺度的比例控制

手绘图中常见错误之一是配景和配景中人物绿化尺度的比例失调。一幅手绘图常常由于最后配景出现错误而致使整个作品失败。

按正规绘制透视图的方法，正确决定配景的尺度是可以的，但比较繁琐，不够简便灵活。而用比例控制法作图，则更简便、准确。

比例控制必要条件有：

1. 视平线的位置，在画面上应明确存在。

2. 视平线相对于地平线的高度值应记忆明确。如右图中正常视高h在平面任意一点上视高都是相等的。即：A1 = A2 = A3 = h

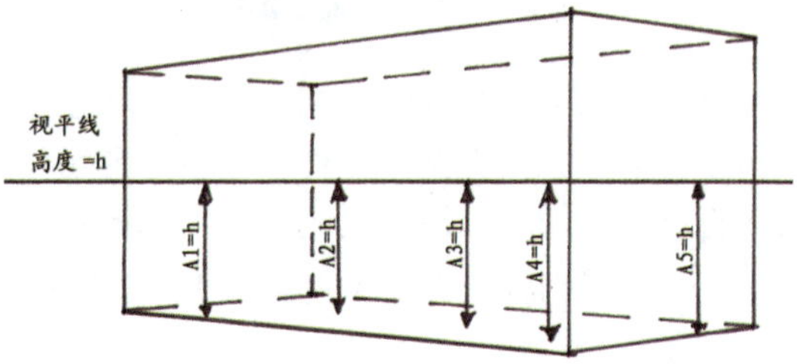

在不同视高情况下人物配景的情况：

1. 视高1米时

2. 视高1.7米时

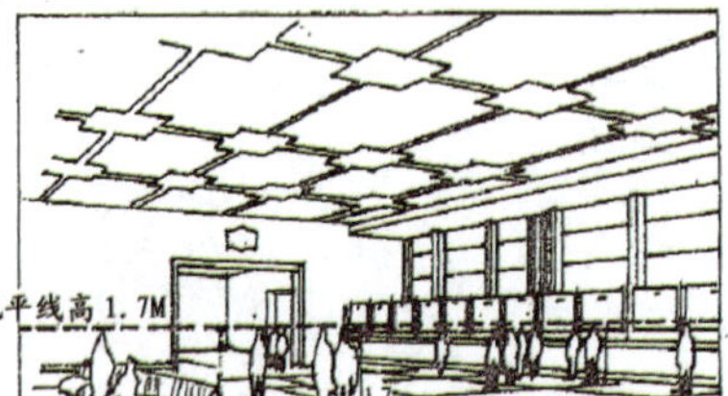

3. 条件比较复杂时

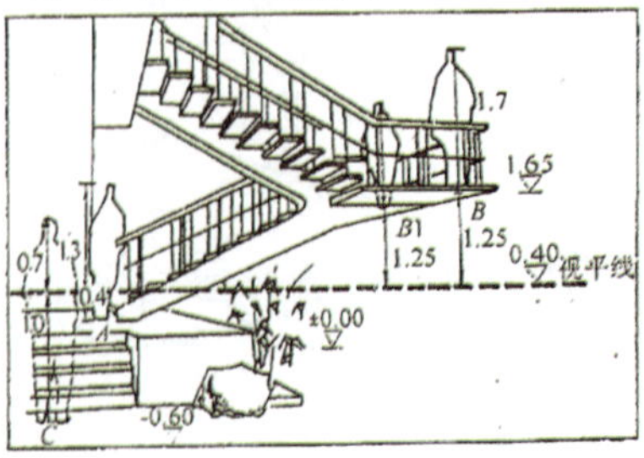

图中单位为米

二、作透视效果图应注意的问题

1．一般来说，透视图中主要建筑物的大小约占纸面的1/3，地面的面积应小于天空的面积，这样画面才有稳定感。

2．建筑物左右应留有空间，以增添配景充实画面，画面中如果天空的面积太大，可绘出较近的树叶进行填补。

3．在景观或建筑透视图的近景、建筑物、背景或远景三者之间，需要用不同明度的形式予以处理，使画面有一定的深度感，以突出画面中的主体建筑物。

4．主次物体的处理应繁简得当，适量添加一些配景，如人、物、树、车等，既可以活跃画面的气氛，也可以增强画面的深度与大小比例关系。

无论怎样，都要做到主次分明，切勿喧宾夺主。

三、天点和地点在透视效果图中的运用

凡是一个平面与水平面成一边低一边高的情况时，如屋顶、楼梯、斜坡等，这种与水平面成倾斜的平面表现在画面上叫倾斜透视。倾斜透视有向下斜和向上斜两种，凡是近高远低的叫向下倾斜，近低远高的叫向上倾斜。它们有各自的灭点，向上斜的灭线都消灭在天点上（也称天际点），向下斜的灭线都消灭在地点上（也称地际点）。

在同一画面上，倾斜面的角度不同就会有不同的天点或地点，在同一画面上，可以有多个天点或地点存在，天点或地点的数量不会改变透视关系的性质。

一点透视中的三种情况：

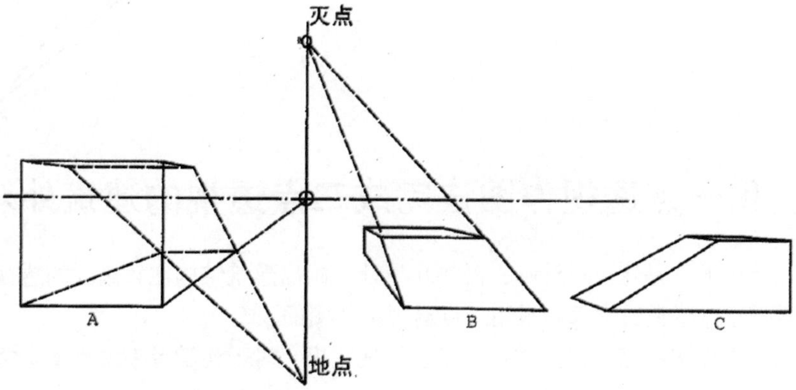

二点透视中的情况：

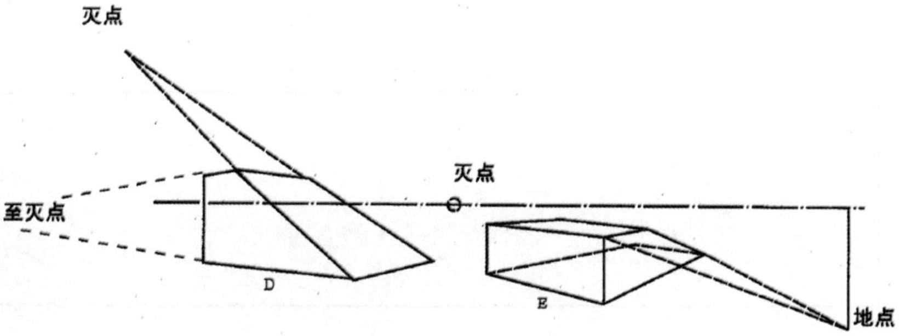

天点和地点都有同一个规律，就是都处于画面中灭点的垂线上。

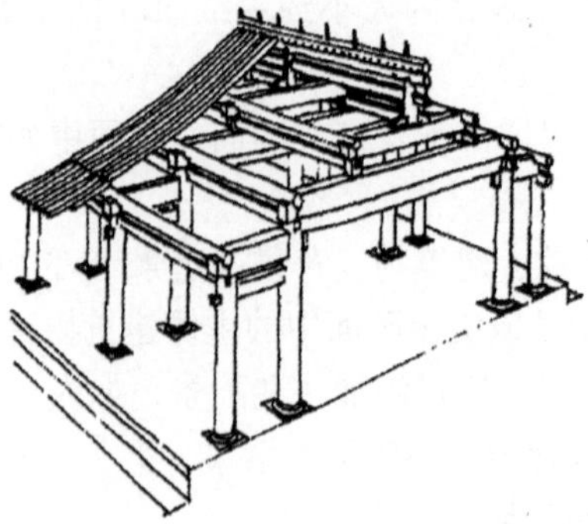

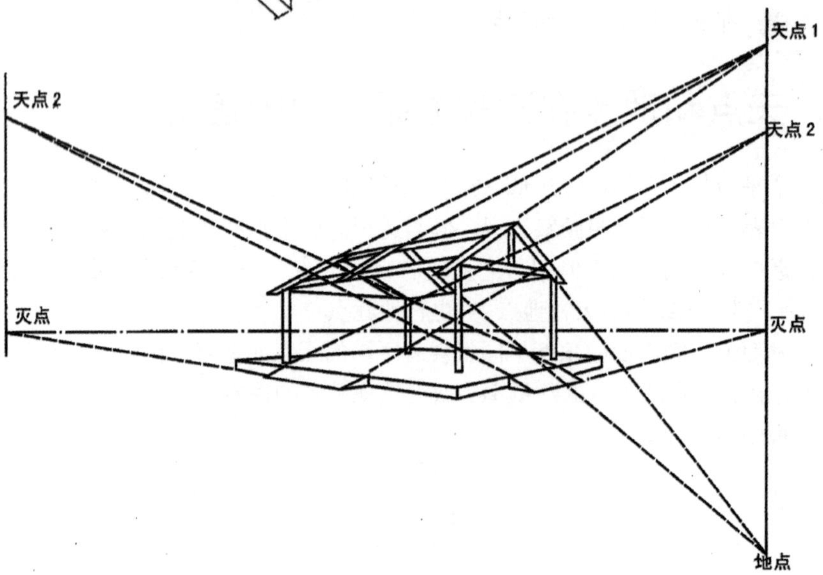

四、用一点透视作图法完成二点透视的建筑外观

景观设计师尤其是建筑设计师，需要在设计中画出建筑结构比较高大的透视图，而这些效果图为了增强立体感觉通常都是采用二点透视法作图的。

用一点透视作图法完成二点透视的建筑外观效果，对于初学者来说易于掌握和控制。

例如：一建筑长30米、宽9米、高9米。

1．借助直尺，按尺寸、比例画出均等的格子。

2. 将底边线设定为视平线(相当于绘画的地平线)，也可以根据需要另设视平线。按透视面的分割方法，完成下图。

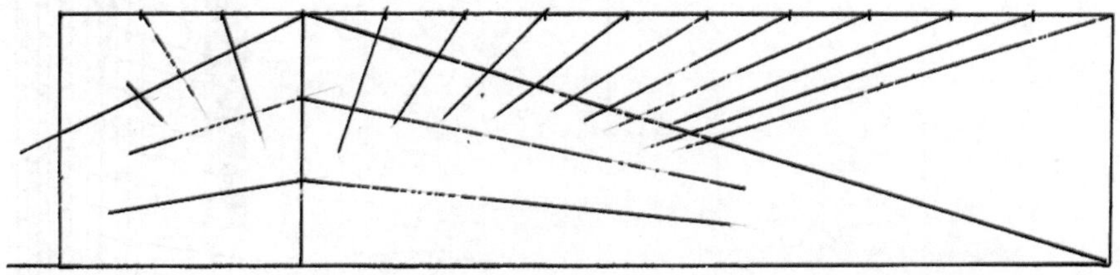

3. 左面的消失点，是根据透视的视觉需要在适当远处自行设定的。

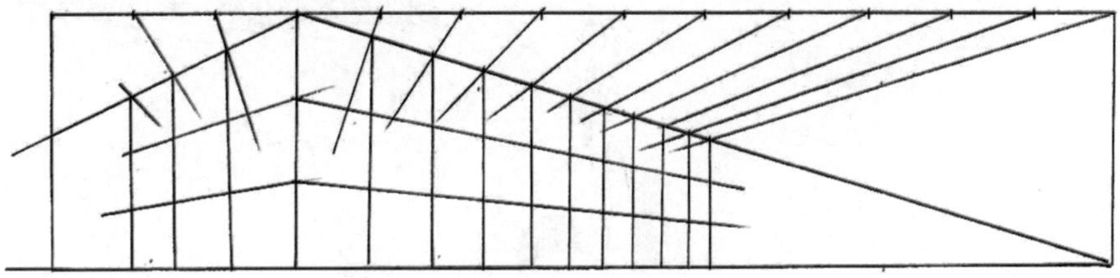

4. 根据楼体的透视关系，画出楼体装饰效果和相关配饰景物。

上述方法适用于横向尺寸大于竖向尺寸的建筑物表现。

对于横向尺寸远远小于竖向尺寸的建筑(点式建筑)，还需要结合前面讲述的其他方法来综合运用。

如果各位设计师能完全掌握以上诸多的技法，并根据需要结合起来综合使用，一定会大大提高作图效率。

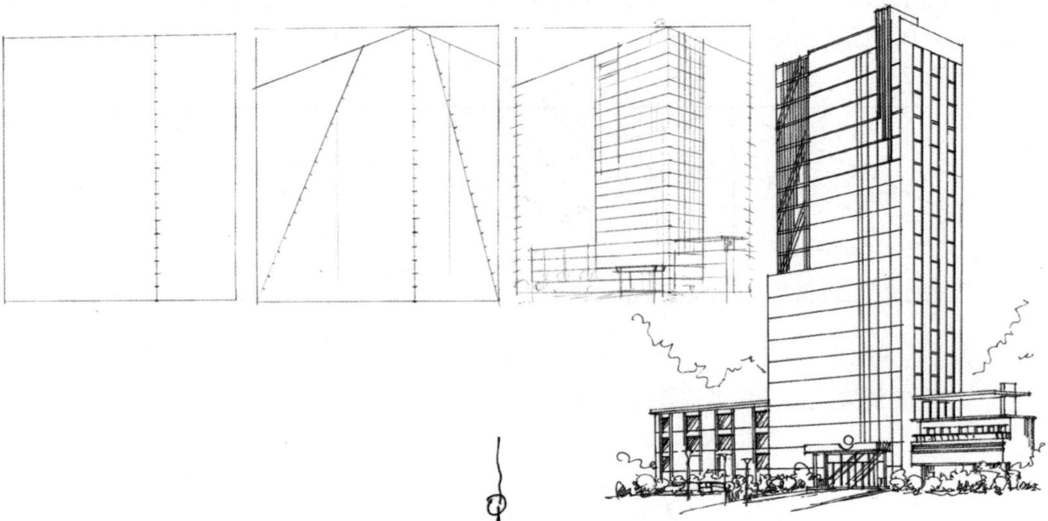

（裴爱群　教学示范）

第九章
色彩的工具与表现

马克笔与彩色铅笔是现代景观设计实用手绘色彩表现的主要工具。就两者的表现特点、工具材料与基本技法来说，两者既有一定差异，又有很多共同的地方。

一、马克笔

马克(MARKER)英语的原意为“记号、标记”(也译为“麦克”)，开始主要在包装工人和伐木工画记号时使用，后来才发展成今天的色彩表现工具。目前市场上出售的多为日制、美制、韩制与德制的各类马克笔，如日制的YOKEN牌(共有116种颜色)。油性不相溶的马克笔也有许多系列，且配有多种中间色，从深到浅，从纯到灰、配色齐全。还有一种日制的ZEBRA牌的双头马克笔(12色装)，色彩非常浓艳，可配合灰色系列色彩马克笔并用。此外还有金、银、荧光色马克笔等。

由于马克笔具有色彩丰富、着色简便、风格豪放与成图迅速的特点，因此深受广大设计师的欢迎，尤其是用于设计手绘图的绘制，更显示出其他色彩工具无法比拟的实用性优势。马克笔有油性和水性之分，两种类型在颜色方面均透明度极高，相互叠加后会产生许多令人想象不到的、丰富而微妙的色彩效果。

马克笔的颜色主要由甲苯与三甲苯制成，具有很强的挥发性。也正是这样的特点，才使马克笔在绘制手绘图时显得特别方便。它颜色浓重，笔触明显，轨迹笔笔清晰，尤其是在不吸油的纸上绘图时，更能很好地把马克笔的特点显示出来。在实际工作中，不同色彩的笔触可以相互重叠，有时还能盖住前面的颜色，有时能通过叠加产生另一种颜色。若用淡色油性马克笔作画，还可以“清洗”掉前几种颜色，并且在“重叠”、“遮盖”、“清洗”的同时产生色彩渐变的效果。

由于马克笔宽度上的限制及经济上的因素，通常应用马克笔作图的画幅不宜过大。另外因为马克笔的颜色是一种易挥发的油性颜料，所以长时间的作画过程中不要间隔停顿太久，应在画完一种颜色后，立即将该笔的笔帽盖好，以免颜料挥发损失。

油性与水性马克笔的颜色均为透明色彩，所以在绘制时易与其他绘画工具诸如彩色铅笔、透明水色、水彩与水粉及各色塑料笔混合使用，从而产生令人耳目一新的表现效果。

二、马克笔的作画方法

用马克笔绘制效果图时，一般要从浅到深着色。上色时应注意把色彩找准，尽量一次画完。马克笔绘制大面积时，要一笔一笔地排线，且需要尽量避免在各笔之间出现重叠，以防画出深色的线来。若在深色上画浅线，就要考虑到浅色马克笔有将底色洗去的可能，特别是在不吸水的纸上这种现象更容易出现。但在作画过程中如能很好地利用这种特性，则可以产生许多特殊的韵味。

用马克笔作画有以下一些问题需要注意：

1. 用色超过画面边框界限，给人形体表达不准确的印象；
2. 不同颜色的马克笔反复涂刷，从而造成色彩的灰暗和混浊；
3. 与铅笔混合使用时，铅笔线过浅，让人感觉图面没有明显的边框；
4. 图面用色太多造成色调不统一，而显得有些杂乱无章；
5. 用马克笔画过于细小的东西难以施展其表现的特点。

以上几点对于初学者来说非常重要，也是马克笔作画过程中需要了解与注意的，以免在作画学习过程中走一些弯路。

三、彩色铅笔

目前市场上出售的彩色铅笔主要有12色、24色、36色、72色装几种类型。在绘制过程中，可以利用彩色铅笔色彩的重叠，创造出更为丰富多彩的色彩效果来，此外还有一种水溶性彩色铅笔，其颜色较多，在着色及手感方面也都优于普通彩色铅笔。

彩色铅笔的颜色具有透明性，在作画时一只铅笔的色调覆盖在另一只铅笔的色调上面，能产生出新的色调效果。而且彩色铅笔还具有附着力强、不易擦脏、经过处理以后便于保存等优势。

彩色铅笔的不足之处在于其颜色较淡，同水彩与水粉颜色相比，除部分彩色铅笔的颜色能达到较高的纯度外，其他多数彩色铅笔的颜色涂在纸上饱和度都不高。另外色彩的变化也不如水彩和水粉的颜色丰富，用线条涂成的色面往往显得比较粗糙。再就是用彩色铅笔绘制的效果图同样不适合较大的画幅。作为一种快速表现的工具，往往与透明水色、水彩、水粉以及马克笔等工具及材料共同使用，能为其增添更多的表现魅力。

四、彩色铅笔的作画方法

用彩色铅笔绘制效果图时，主要依靠掌握铅笔的压力和运用纸张的肌理来控制色彩。运用彩色铅笔的压力能够影响色调在画面上的纯度，若轻压就会产生浅淡的颜色，重压就会加强色彩的浓度。而改变铅笔的压力与纸张表现的肌理密切相关。

运用彩色铅笔进行色彩混合，可以改变色彩的透明度、降低纯度和提高纯度。

改变彩色铅笔明度的方法：

改变彩色铅笔的压力，在纸面的颜色或多或少显示出来时，色彩的明度就显得亮一些或暗一些。用白色铅笔涂在已经画好的颜色之上，可提高颜色的色彩明度。用黑色覆盖任何颜色，均会降低原有颜色的色彩明度。另外使用一个比本色亮或暗的颜色来覆盖原彩色铅笔的颜色，均会导致画面上色相和明度的改变。

降低彩色铅笔纯度的方法：

用中性的灰色覆盖已涂在纸面上的颜色来降低该颜色的纯度。用黑色铅笔来覆盖，也可以达到相同的效果。使用一种颜色的对比色进行覆盖，不管其覆盖颜色是否是正对原有色彩的对比色还是近邻对比色，均可降低彩色铅笔的纯度。

提高彩色铅笔纯度的方法：

使用彩色铅笔绘图时，可以加大使用彩色铅笔的压力，这样既能提高彩色铅笔在纸面上的纯度，又能降低颜色的明度。在作图时先用白色铅笔涂上底色，然后再涂上想要表现的颜色，就可以提高彩色铅笔的纯度。

除此之外，还可用彩色铅笔获得各种各样的画面调子，使彩色铅笔创作出更有艺术魅力的表现效果。

马克笔与彩色铅笔结合的表现：

五、上色时应注意的问题

1．用笔要随形体的结构，这样才能够充分地表现出形体感来；

2．用笔用色要概括，要有整体上色的概念，笔触的走向应该统一，特别是用马克笔上色，应该注意笔触间的排列和秩序，以体现笔触本身的美感，不可画得零乱无序；

3．不要把形体的颜色画得太满，特别是形体之间的用色，也要有主次和区分，要敢于留白，色块也要注意有大致的过渡走向，以避免色彩的呆板和沉闷；

4．用色不可以杂乱，要用最少的颜色画出最丰富的感觉。用色要温和，要有整体的色调概念，中性色和灰色是画面的灵魂；

5．画面不可太灰，要有虚实和黑、白、灰的关系，黑色和白色是“金”，很能出效果，但要会用和慎用。

颜色对于景观设计手绘图的配景来讲只是补充作用，因为配景不是设计和表现的主体，但并非是不需认真对待，要在轻描淡写中见神采。给配景上色的目的是借以表现画面的明暗关系以及它们之间的虚实关系，颜色宜轻勿重，以免喧宾夺主。

第十章
教学分类示范

一、植物的表现

植物是景观设计中最为重要的、不可缺少的元素。自然界中千姿百态各具特色的植物为我们的生活增添了无尽的色彩与浪漫，五颜六色、姹紫嫣红、变化万千，早已经成为现代城市景观的生命。因此，对于景观设计师来说，把植物科学而合理地表现出来就显得尤为重要。

在景观设计的实际工作中，对植物的表现可不拘一格：有用线条表现的，有用明暗表现的；有写实的，也有装饰的。初学者可以先学习线条的表现方法，以便了解植物的生长规律和形体特征，然后在此基础上学习其他的画法。

植物的种类繁多，由于干、枝、叶的差别会形成各类植物不同的造型特点。其中植物的外形轮廓是最能体现其特征的。

虽然自然界中的植物种类繁多，体态各异，但经过我们细致观察和分析后就会发现，植物中蕴藏着各自特有的形体，在阳光的映衬下更为明显。因此，把复杂的形体概括为简单的几何形态、概括性地表达植物特点就成为了景观设计师与画家对植物的不同表现和需求。“精炼、简洁、快速、生动”才是景观设计师在设计工作中充分施展实用设计手绘才能的制胜法宝。

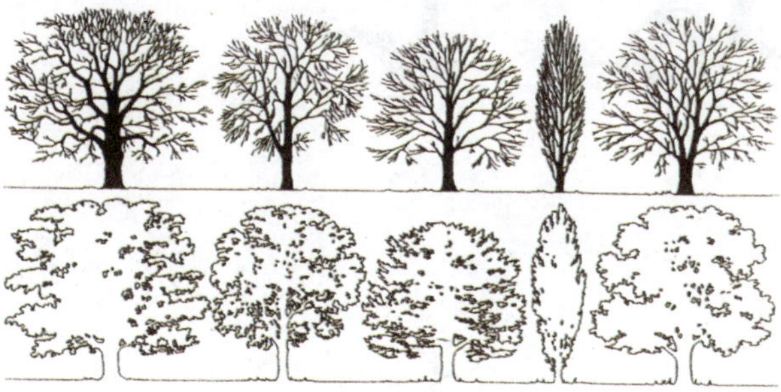

景观设计师虽然不是植物学专家，但必须了解一般植物的结构、形态、特征以及各部分之间的关系。初学者可以从临写（不是完全临摹照片）开始，在临写中学习形体的概括、质感的表现和体积的处理，并通过大量的综合训练和实践不断提高对形体的把控能力。

钢笔不可能像铅笔那样深入细致地表现丰富的明暗层次。一般都是把明暗规律控制在三个色阶即受光部、中间灰面和暗面（包括反光）之中进行概括性地表现。

a.

b.

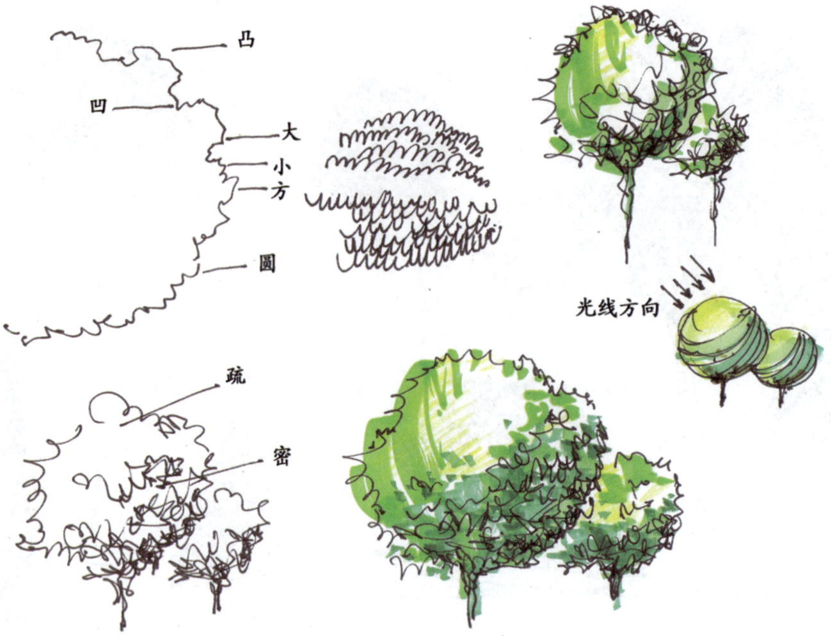

1．乔木类植物

乔木类植物一般都体态高大、枝叶茂密。由于地域和气候条件的不同，大体上可以分为北方和南方两大类。如北方的松树、樱花、白桦、云杉、银杏，南方的棕榈、梧桐等。在景观手绘图中，主要起着烘托气氛、丰富构图的作用。

在画法上要特别注意植物的轮廓、姿态造型，其立体感主要是通过色彩来体现的。

因景观设计作品中的植物品种和数量都较多，所以不必过于刻画细节。

2. 灌木类植物

灌木作为低矮的树种，可以起到分割空间、丰富景观的作用。表现灌木要先从体态形象来画，用自由弯曲的线画暗部增加密度。灌木的高度一般在1米以下。

3. 藤木类植物

藤木属于爬行植物，可为墙、廊作绿化，并有遮光美化的作用。表现时可用自由活泼的线条来处理。

4. 花草

花草是景观中的亮点，是点睛之笔，不可多用。表现时可以用夸张、自由的曲线来勾勒，不要勾画得过细过多。色彩处理上也大多使用“点到为止”的办法。

5. 地被植物

地被植物常用轮廓勾勒和质感表现结合的方法来表现，要以地被栽植的范围为依据，用不规则的、自由的细线勾勒出地被的范围轮廓。

6. 草坪和草地

草坪和草地的表现方法很多，一般用小短线、小曲线，按近大远小的透视原理、近实远虚的空间变化，用疏密的线条进行排列。对大片草坪的处理，一般采用涂抹(退晕)的方式来表现，由深到浅或由浅到深。近景的草坪一般不作明确的分界，用模糊、自然的方式来过渡。

二、水景的表现

水是现代景观设计中的造景元素之一，也是变化较大的(不定性)设计元素。

水对于人具有较大的吸引力，静止的水能倒映周围的景物，让人产生安宁和清静感，流动的水则具有动感和生命感。在景观方面，水可以形成小溪、喷泉或叠泉以及各种样式的水景，如喷泉常以其特有的流动方式成为景观的焦点。

按水体的形式，水景可以分为自然式、规则式、混合式三种。

按水流的状态，水景分可分为静态水景和动态水景。

按水体的使用功能，水景又可分为观赏性水景和娱乐性水景。

景观设计中的水景设计，不是为造景而造景。利用水的可塑性、透明性以及人的亲水性，使净化空气、降低噪音、灌溉土地等实用功能达到科学合理的体现才是景观设计的出发点。

在设计表现上，动态的水要表现出环境的色彩关系，涌泉水景要强调水的动感，表现水涌出的形态和落下水时所激起的小浪花。静态的水受环境色彩影响较大，如天光(灯光)、水底物体(材料)、邻近的物体等。因此，对于水的表现，要把主要精力放在环境色彩的表现上。

三、石景的表现

利用自然石造景是中国园林常用的传统做法。“唐懿宗时期(859年～873年)曾造庭园，取石造山，并取南山草木植之”。传统园林的山水景观在选材上采用天然的材料(石块、植物)，仿效自然中的石形、石性及皴纹走势，追求与自然同在的石景境界。以山、石、水的结合创造出简朴又极富变化的景观效果。

按石景的体量形式大致可以分为假山、点石、岸石三大类。

不论是对自然石还是人工石的表现，都要理解石分三面、分则全在皴擦勾勒，画石在于“不圆、不扁、不长、不方之间”的表现要领，如果画成一个圆形就不是石头了。石块的造型、质感表现相对复杂，既有整体的大块面，也有微小的小块面和裂缝的纹理。不同的石块特征也不相同，有的石块块面如斧劈似的挺括，有的圆浑而难分块面。表现这些石块时，要注意线条的排列方式应与石块的纹理、明暗关系相一致。

自由、流畅

坚硬、挺拔，适合于假山造型。

圆浑、曲折

四、平面图植物的表现

景观设计的平面布局既是景观设计与表现的基础，也是评价景观功能是否合理的先决条件。

景观的布局要依赖于场地的功能需求、设计风格、场地面积、周围环境等诸多因素来完成。目前在实际设计工作中所产生的平面图大多是用电脑来绘制，然后辅以手工上色来完成平面图的后期渲染，其植物的绿化功能是平面图渲染的重点。

（陈倩 画）

（刘宇 画）

五、景观小品的表现

景观中的“小品”，有很多时候却是很大的。园林建筑的亭台、楼阁、廊桥、入口建筑等都是景观环境中较大的景观物，这些能够供人们游览、观赏、使用的建筑与构筑物也可以归类于建筑小品的范畴。

相对于建筑小品而言，景观小品更多地体现在景观环境中一些小型的景观物，包括栏杆、路灯、座椅、小型雕塑以及环境中设置的装饰小品。体量小巧、数量多、分布广、功能简明、造型别致、具有较强的装饰性、富有情趣的装饰元素，既注重外观的艺术效果，同时也兼有使用功能。

六、地面的表现

七、人物的表现

景观设计实用手绘中的人物和交通工具的表现，主要有两个方面的作用：一是营造环境气氛，在画面处理上起点缀作用；二是为景观空间的尺度提供视觉上的参考。因此，人物与交通工具都仅是一种从属的地位，在表现上用笔一定要简练、概括，不要过于刻画人物的细节、表情，以免喧宾夺主。

八、交通工具的表现

第十一章
教学综合示范

综合示范之一

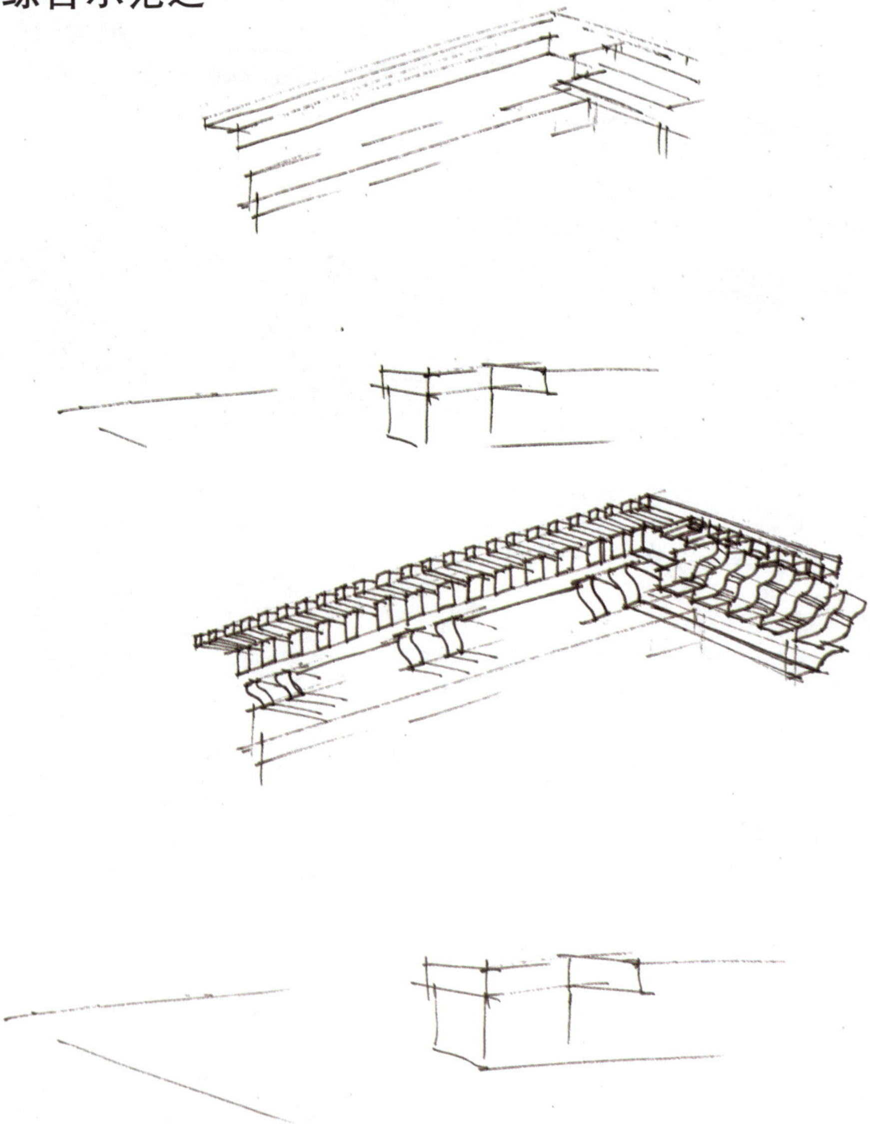

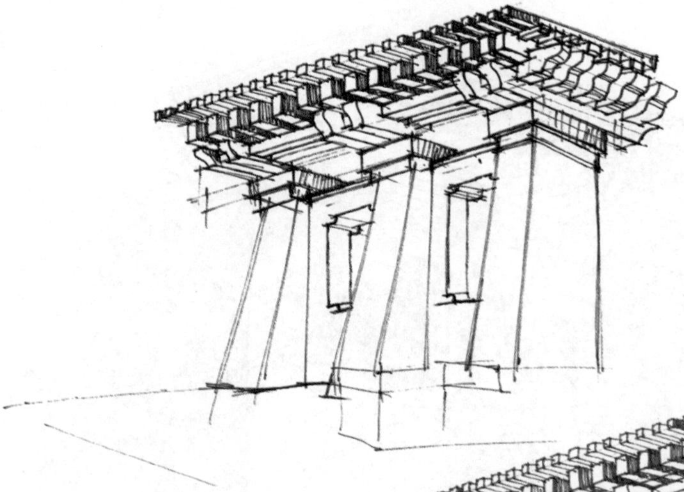

综合示范之二

综合示范之三

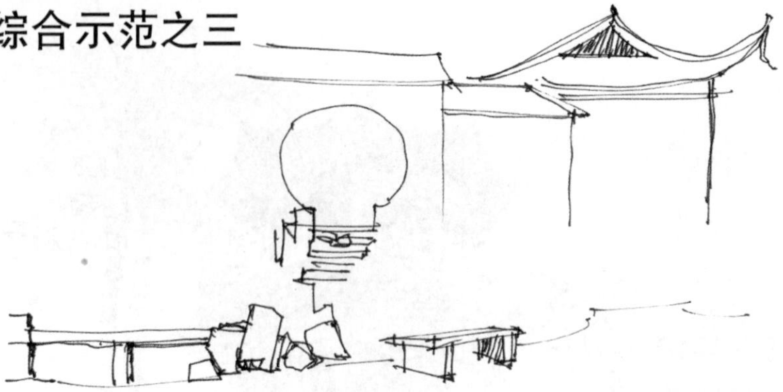

综合示范之四

综合示范之五

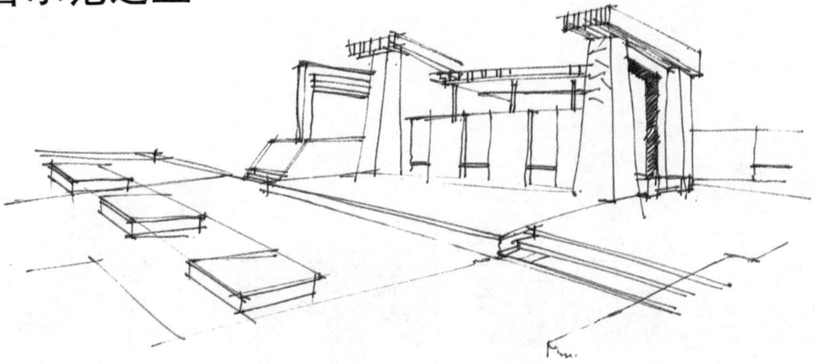

（四季之春）

(四季之夏)

(四季之秋)

（四季之冬）

俯视(鸟瞰)图

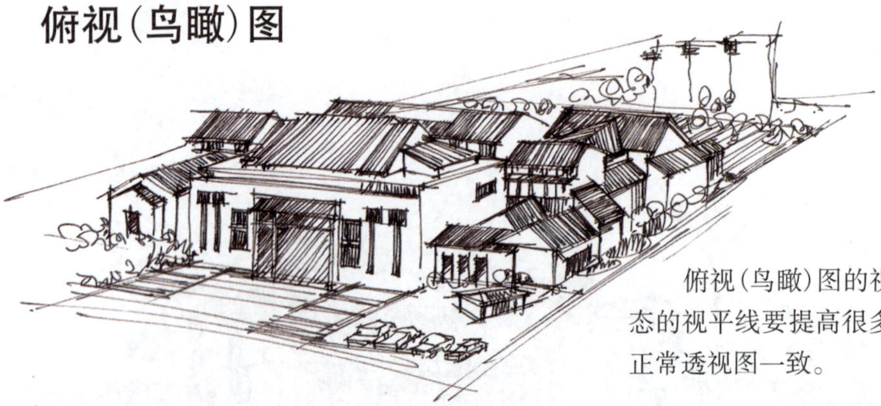

俯视(鸟瞰)图的视平线比正常状态的视平线要提高很多，作图方法与正常透视图一致。

第十二章
教学与设计案例

（裴爱群 作品）

（裴爱群 作品）

（裴爱群 作品）

（裴爱群 作品）

（裴爱群　作品）

（钟彦 作品）

（王宇 作品）

（杨文 作品）

（孟祥龙 作品）

（左铁峰 作品）

（左铁峰 作品）

（裴爱群 作品）

(裴爱群 作品)

（裴爱群 作品）

（裴爱群 作品）

（裴爱群 作品）

（裴爱群 作品）

（裴爱群 作品）

（裴爱群 作品）

(裴爱群 作品)

(裴爱群 作品)

（裴爱群 作品）

（裴爱群 作品）

（裴爱群 作品）

（裴爱群 作品）

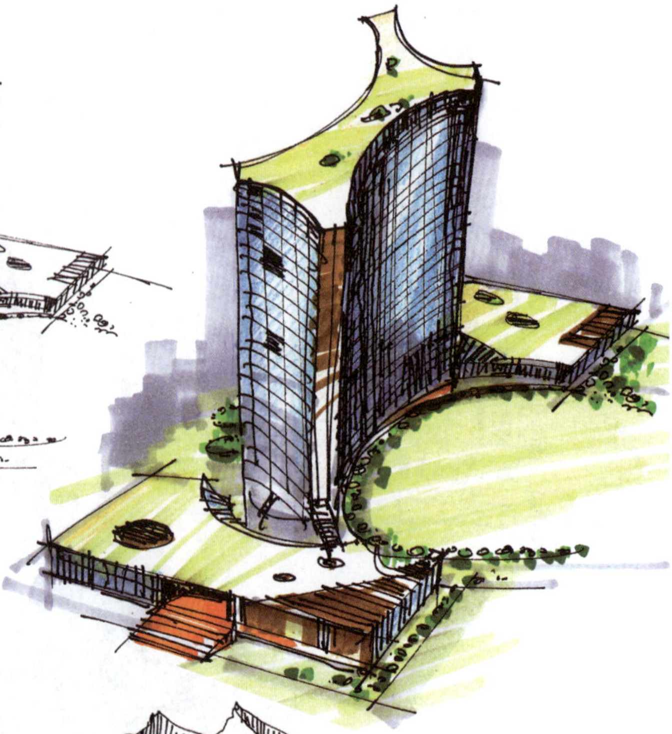

(裴爱群 作品)

（裴爱群 作品）

（裴爱群 作品）

（裴爱群　作品）

（方路沙 作品）

（方路沙　作品）

我是俗人

（后　记）

我是俗人，我比任何人都俗。

俗不可耐、俗不可医，到了连自己都无法理解和容忍的程度。

2009年末，一家国内著名的设计师网站推出了1份34位“设计师名人圈”的名单，裴爱群竟也名列其中。当“北漂”设计师黄秋第一时间将这个消息告诉我的时候，我“高兴”得几乎是彻夜难眠、感慨万千、热泪盈眶……原来，我也是个俗人！

我是俗人，我比任何人都俗。

当春节来临，人们都在“欢天喜地”的时候，我却做起了“宅男”，闷在狭小的空间里起早贪黑地完成这本一拖再拖的书，连给亲戚、朋友、学生回复问候的短信都不得不使用群发功能。对不起！那不是我的本意，我不是不想念你们！我也是俗人。

我是俗人，我比任何人都俗。

看自己写的书，曾是我儿时的最大梦想！但从来没有想过会一本接着一本地写。连我自己都搞不懂：为什么对写书这样“上瘾”？总是感觉身后有一种引我向前的“力”，却又说不清那“力”来自何处。在凌晨的灯光下，当一本新书顺利完成，心中的那份“孤独”都会化成难以言表的“兴奋”。抚摸着新书的封面，沉醉在新书的墨香之中，脑海里闪动的又是下一个目标！也许答案只有一个：我是俗人。

我是俗人，我比任何人都俗。

感谢房磊暨大连理工大学出版社的全体编辑、发行朋友们的辛勤劳动！

感谢还在遥远北方小城的母亲和其他亲友们的惦念！

感谢关爱我的万千学子！

感谢我身边的每一个人……

要感谢的人真的很多，因为我也是俗人，所以“这个可以有！”

我是俗人。

我比任何人都俗。

天生我才必有用！

我以此书的结束来告慰天堂里的父亲！

2010年3月4日凌晨于深圳下梅林